# 理财投资课堂

## 工薪家庭理财实战

罗春秋◎编著

中国铁道出版社有限公司
CHINA RAILWAY PUBLISHING HOUSE CO., LTD.

## 内 容 简 介

这是一本以工薪家庭为主要对象的理财工具书，以传统到高阶的顺序介绍工薪家庭进行理财活动时可以选择的方式。全书共9章，包括家庭理财准备工作、省钱之道、银行储蓄、信贷支付、保险计划、债券与基金投资、股票投资、黄金投资、期货投资、外汇投资、退休及遗产规划等内容。

本书内容实用，案例丰富，指导性强，适合不同收入结构的工薪家庭学习理财技能，也适合对理财感兴趣的理财小白了解理财工具，对具有一定理财经验的人士也有一定的参考价值。

**图书在版编目（CIP）数据**

理财投资课堂 : 工薪家庭理财实战 / 罗春秋编著. —北京：中国铁道出版社有限公司, 2021.7

ISBN 978-7-113-27571-6

Ⅰ. ①理… Ⅱ. ①罗… Ⅲ. ①家庭管理-财务管理-基本知识 Ⅳ. ①TS976.15

中国版本图书馆CIP数据核字（2021）第080272号

**书　　名：** 理财投资课堂：工薪家庭理财实战
LICAI TOUZI KETANG : GONGXIN JIATING LICAI SHIZHAN
**作　　者：** 罗春秋

---

**责任编辑：** 张亚慧　　**编辑部电话：**（010）51873035　　**邮箱：** lampard@vip.163.com
**编辑助理：** 张　明
**封面设计：** 宿　萌
**责任校对：** 苗　丹
**责任印制：** 赵星辰

---

**出版发行：** 中国铁道出版社有限公司（100054，北京市西城区右安门西街8号）
**印　　刷：** 三河市兴博印务有限公司
**版　　次：** 2021年7月第1版　2021年7月第1次印刷
**开　　本：** 700 mm×1 000 mm　1/16　**印张：** 14.25　**字数：** 188千
**书　　号：** ISBN 978-7-113-27571-6
**定　　价：** 59.00元

---

# 前言

随着家庭财富的增加，理财也逐渐成为家庭的热门话题。不过，很多家庭成员无法分清个人理财和家庭理财的区别，导致理财的目标收益率没有达到不说，最后还使得各成员之间产生了隔阂，滋生了家庭矛盾。对于工薪家庭，如何理财才能使最终收益达到最大化呢？这是家庭理财的重点内容。

说到理财，许多家庭的第一反应就是投资。其实，理财不仅仅包括投资，还涉及家庭消费、买房、子女教育、养老以及遗产等各方面的合理规划。合理的家庭理财规划，能提高家庭应对风险的能力，避免家庭成员陷入“月光族”“及时行乐”以及“无钱所用”等困境，从而过上安稳无忧的生活。

但是，面对市面上不同类型的理财方式以及种类繁多的理财产品，对没有任何理财经验的工薪家庭而言，也是一件非常头疼的事儿，尤其对于一些互联网理财方式和理财产品，这些工薪家庭的成员更是抱着一种怀疑的态度，不知道如何开启家庭的理财之路。

为了帮助这些有理财意识的工薪家庭认清理财，了解各种理财方式，笔者根据多年的理财经验，罗列了许多适合家庭理财的工具，并分享了大量的理财技巧。对书中的知识，读者可以即学即用，迅速成为家庭理财的高手。

全书内容共 9 章，可大致划分为四个部分：

- 第一部分为第1章，这部分主要介绍进行家庭理财之前的准备工作，如树立理财观念、盘点家底、家庭账簿和理财计划等，从最简单的常识入手，为进一步了解家庭理财产品打下基础。
- 第二部分为第2章，这部分主要介绍如何在大宗消费中找到适合家庭的省钱要点，如理财消费要点、各类情况的省钱妙招等，从而切准可节约的花钱渠道，进行初期的原始积累。
- 第三部分为第3～6章，这部分主要介绍工薪家庭理财过程中常见的理财工具，如银行储蓄、信贷支付、保险产品、债券与基金投资，让家庭理财更加简单。
- 第四部分为第7～9章，这部分主要讲解家庭理财中可以投资的高收益、高风险的理财品种，如股票、黄金、期货等。其中，退休及遗产是一种比较全新的理财方式，可供投资者参考阅读。

笔者在编写过程中，为了便于读者理解，达到快速掌握理财工具的目的，列举了丰富的典型案例，并进行深入分析。此外，在内容呈现方式上，大量使用自制图示、表格和图片进行辅助说明，降低阅读的枯燥感，让读者在一种轻松有趣的阅读氛围中学习知识。

最后，希望所有读者都能学到想学的知识，快速掌握相关家庭理财常识，切实找到适合自己家庭的理财方式，开启家庭理财之路。

编 者

2021年3月

目录

## 第2章 原始积累，大宗消费的省钱秘籍

## 第 4 章　信贷支付，提前消费中隐藏的理财秘密



## 第 5 章　制订保险计划，为家庭稳定上把锁

## 第8章 黄金、期货和外汇投资，拓宽家庭理财渠道

## 第9章 未雨绸缪，家庭成员退休及遗产规划

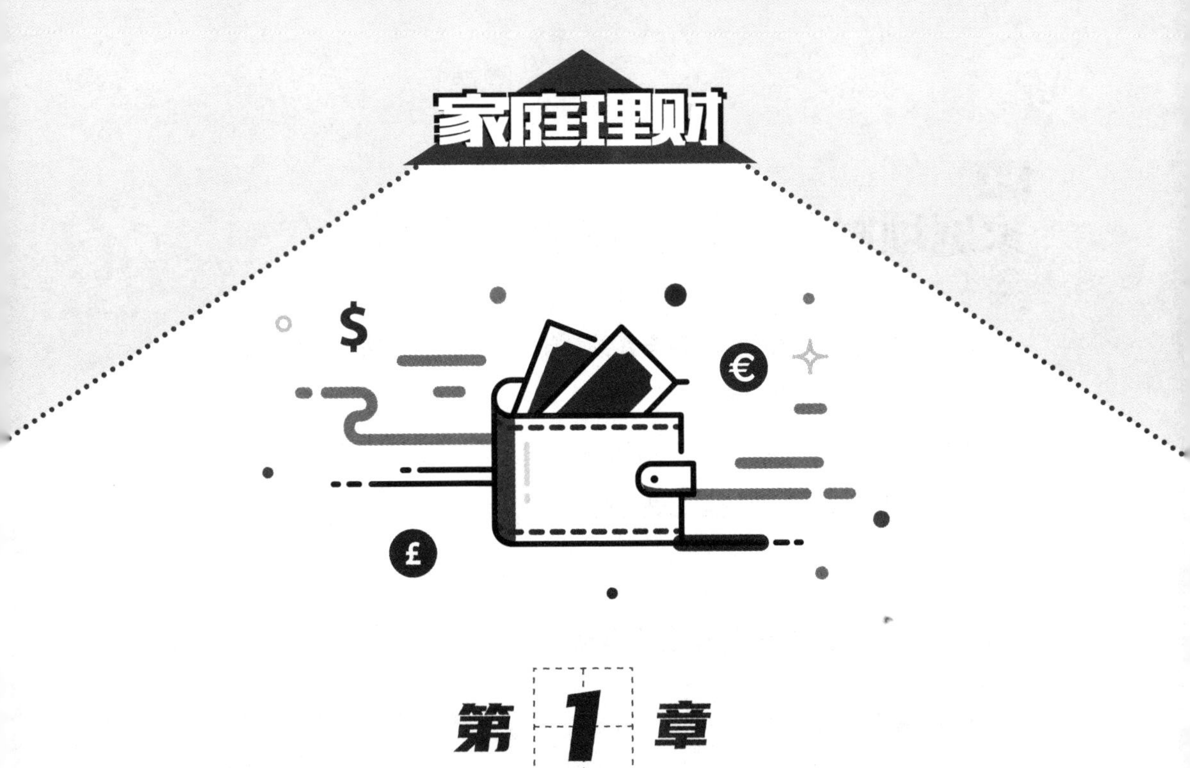


# 第1章

# 理清家庭状况，开启理财之路

如今，理财逐渐走入家庭生活中，成为家庭成员必知的常识，也是维系家庭稳定的基础。在现实生活中好多家庭都想理财，想要将理财技巧用于实际，让家庭成员拥有更高质的生活，要达到上述目标，首先就需要家庭财务规划者理清家庭状况，制作家庭账簿，打造可行的理财计划。

1.1

# 家庭理财第一课，树立理财观念

**理财观念是人们对理财主观与客观认识的集合，人们往往根据自身形成的理财观念进行各种理财投资活动。可见，树立正确的家庭理财观念非常重要，如果理财观念错误，即便懂得高深的理财技巧，也可能起到相反的作用。因此，家庭理财的第一步，就是树立正确的理财观念。**

## 1.1.1 理财是维系家庭稳定的基础

简单而言，理财就是对财产和债务进行科学合理的运作，而家庭理财就是管理家庭的财富，进而提高财富效能的经济活动。通俗点儿来说，勤俭节约是一种生活美德，而家庭理财就是利用这种美德赚钱、省钱与花钱。

随着家庭收入和财富的增长以及市场不确定因素的增多，影响家庭的行为也越来越多，所以家庭理财逐渐开始受到重视。对于家庭成员而言，想要在现代社会里维持一个家庭并不容易，特别是使一个工薪家庭实现财务自由，因为家庭组成后不可避免地要涉及各类必要的经济支出，如果家庭没有基本的经济能力负担各种需求，家庭成员很难和睦相处下去。

因此，家庭成员需要根据当前的经济状况，为家庭设定经济目标，合理利用资产管理或者金融投资工具，为目标达成设定解决方案，并提出合理的实施方案，从而达到增加财产的目的。另外，还可引导其他家庭成员养成勤俭持家、不铺张浪费的好习惯。

### 1. 家庭理财的原则

家庭理财是需要家庭所有成员共同参与的活动，尽管现在很多家庭已经开始理财，但真正懂得理财的家庭并不多。很多家庭在理财方面还比较迷茫，会做出一些不合理的决策，甚至沿用单身时的理财观念进行操作。为了更好地做好家庭理财，家庭成员需要注意以下几点原则：

- 家庭中的所有成员需要协同与协商理财，适当地进行财务公开，这有利于维系家庭的稳定性。
- 家庭理财需要适当保守，注意规避经济风险。
- 根据家庭所有成员的年龄、收入、消费以及抗风险能力等因素，制订有针对性的计划。
- 收益和风险都是相对应的，高收益高风险，低收益低风险，理财者需要将风险控制在家庭可以承受的范围内，从而设定相应的收益目标。

**理财贴示** *家庭理财的注意事项*

**在家庭理财活动中，“家庭”是家庭财产的所有者，理财者要以家庭为单位进行各种投资理财操作，使家庭的财产得到有效的保值与增值。**

### 2. 家庭理财的范围

理财涉及的范围比较广泛，如管理收入与规划支出、资产管理以及规避财务风险等，具体如下：

**管理收入与规划支出。**简单而言，管理收入就是赚钱并对家庭所有收入进行调整，规划支出则是有计划地用钱。例如，在不降低生活质量的同时缩减生活支出、在进行理财支出时规划现金流量、合法节省个人所得税以及避免盲目开支等。

**资产管理**。在家庭理财中，资产管理是一个非常重要的环节。资产管理的过程很简单，当收入超过支出时就会产生积蓄，而累积储蓄的现金将会成为家庭中的流动资产，把流动资产作为本金投资固定资产或其他流动资产，可以实现“钱生钱”的目标。

**规避家庭财务风险**。规避家庭财务风险是指消除或降低财务风险，避免家庭受到影响，即通过事先控制与事后补救的方法来降低损失程度。例如，购买意外伤害保险，获得的保险理赔金可以用于支付医疗费与弥补工作收入的损失，从而维持整个家庭的生活支出。

### 1.1.2 稳定收益是家庭理财的最高境界

在面对家庭理财时，我们需要用良好的心态去思考与实践。家庭成员每日勤恳的工作，就是为了提高生活水平，但收入的来源往往比较单一，此时可以通过理财来增加收入。当然，理财不能让银行成为提款机，让我们一夜暴富，但却可以让我们更好地利用资产。对资产进行有效利用，是工薪家庭理财的最高境界。不过，一味追求财富而忽视生活质量是舍本逐末的做法，与理财的意义背道而驰。因此，家庭理财的目标是获得稳健的收益与高品质的生活。

工薪家庭的理财属于一种小额投资，不管是在银行存款取得利息，还是购买股票获得利润，工薪家庭能支出的钱都比较有限，并且由于这部分资金是整个家庭的积蓄，所以家庭成员都想获得一定的回报。简单而言，过上富裕的生活是每个人的愿望，为了实现这种愿望，通过理财得到一定数目的稳定收益，就成了工薪家庭的一种追求。

在理财的过程中，家庭成员应该根据家庭的风险承受能力来配置家庭的理财产品。那么，要想在家庭理财中获取稳定的收益应该具备哪些意识呢？

◆ 知识就是财富

有的人喜欢将空余时间用来休闲娱乐，有的人则抓住机会不断学习，获得了更多的升职空间，进而获取更高的薪水。因此，增加个人知识，也是增加财富的一种家庭理财方式。

◆ 别说没钱理财

许多人抱怨自己没有多余的资金用于理财，其实并不是这样。例如，陈先生和李先生是大学同学，并在同一家公司工作了3年，工资都是7 000元。不过，陈先生每月的房租是2 500元，各种生活支出是4 000元，每月的结余为500元；而李先生每月的房租是1 500元，各种生活支出是2 000元，每月的结余为3 500元。

因此，李先生通过更加经济、实惠的方式实现了支出的节省，然后存储较多的资金，并利用这些资金进行投资理财。简单而言，很多人不是没有钱理财，只要适当地进行开源节流，仍有余力进行理财。

◆ 不盲目追求高收益

通常情况下，高收益与高风险并存，切忌盲目追求短期且高收益的投资，大多数年收益在20%以上的投资项目都存在较大风险。另外，对于不了解的投资领域或专业程度较高的投资领域，都需要谨慎投资。

家庭理财需要稳定的收益，而提高整体收益并不是要追求高风险、高收益的投资。对于大多数工薪家庭而言，工资是最主要的收入来源，选择理财产品需要以稳定为主旋律，细水长流才是实现财富有效增长的原则。

### 1.1.3 理财切忌不着实际地盲目跟从

作为家庭中的成员，每个人的喜好、能力等因素都不同，所以在进行家庭理财时，需要充分考虑个人的实际情况，然后选择合适的理财方式，切忌盲目跟风。例如，看到别人去开餐馆，自己也跟着去开餐馆；看到别人创业开公司，自己也去创业开公司；看到别人购买股票，自己也去购买股票等。

如果自己的实际情况允许承担这些项目的风险，那么就可能获得巨大的收益；如果无法承担这些风险，且自身条件也不成熟，却盲目跟风，那么通过此种理财方式进行理财则可能失败。

任何收益都需要建立在安全的基础上，如果理财方式不安全，那么一切都是空谈。例如，比银行理财收益高出很多的 P2P 投资，因为宣传的高收益而吸引到不少投资者跟风购买。但相比于银行成熟的风控体系，P2P 平台缺乏专业的风险控制团队，无法保证借款资金的安全性，从而导致很多投资者血本无归。

## 1.2 盘点家底，了解家庭现状

**如今，工薪家庭越来越像企业，财富组合日益多样化，如存款理财与住房、商铺以及股票、黄金等投资的多样组合。因此，家庭成员很有必要对家庭财务状况进行大盘点，分析资产收益是否与自己的理财目标同步，并检测资金安全和风险边界，以便可以随时进行科学调整，为理财做好准备。**

### 1.2.1 了解家庭的收入来源

家庭收入的多少，直接影响着家庭的品质，而了解家庭的收入来源是理财的第一步，也是最重要的一步。

### 1. 常规家庭收入种类

一般情况下，工薪家庭收入来源主要包括工作收入与理财收入两类，工作收入是以人赚钱，理财收入则是以钱赚钱。

**工作收入。**工资、奖金、津贴、补贴以及自营事业收入等。

**理财收入。**房屋租金、房屋出售收益、股票收益、股利分红、收藏升值以及其他理财收入等。

### 2. 可拓展的收入渠道

如果家庭拥有多个收入来源，则可以生活得更加舒适安逸，如果其中某个收入渠道“遭遇意外”，其他收入渠道还可以正常“运行”，不致使整个家庭陷入困境。

例如，陈先生在财务公司上班，除了正常的工作收入外，他还考虑增加一些可供选择的收入渠道，如表 1-1 所示。

**表 1-1　拓展工作收入渠道**

| 其他技能 | 能否用于赚钱 | 是否有时间兼职 | 拓展收入渠道 |
|---|---|---|---|
| 写作 | 能，编写财务类书籍进行投稿 | 有，每天晚上与周末 | 兼职自由撰稿人 |
| 自媒体 | 能，可以在知乎、百度问答等平台中回答专业问题 | 有，每天晚上 | 回答问题赚取佣金 |

家庭成员可以根据实际情况，制作相应的拓展工作收入渠道表。其中，每次付出后只能获取一次报酬的属于单次收入来源，如公司员工的工资；每次付出后能重复获得报酬的属于多次收入来源，如房屋出租的租金。因此，拓展多次持续性收入来源的渠道，可以更轻松地长期获利，并使家

庭成员的生活过得比较安逸。

### 1.2.2 查看家庭的财务状况

想要进行家庭理财，就需要对家庭财务状况进行分析。只有全面了解家庭的财务状况，分析家庭负债情况与拥有的资产情况，才能在此基础上合理进行理财规划。

对于企业而言，会计会通过专业的财务报表来分析和管理企业的财务，而家庭成员在管理家庭财务时，也可以制作家庭的财务报表。通常情况下，企业报表主要有资产负债表、利润表与现金流量表，而工薪家庭只需要通过编制资产负债表与收支储蓄表即可对家庭财务进行管理。其中，收支储蓄表相当于合并利润表和现金流量表后的综合报表。

**1. 分析家庭欠款**

分析家庭负债情况，即计算家庭成员总共存在多少欠款。其中，债权人包括银行、个人等，负债的种类如下：

- 消费负债，如信用卡分期付款、支付宝花呗以及京东白条等。
- 资产负债，如房贷、车贷等。
- 投资负债，如各类借债投资等。
- 人情负债，如需要还礼的婚宴礼金、丧葬礼金等。

分析家庭欠款时，可以使用表格列出相关项目，如金融资产、实物资产等，即制作资产负债表。简单而言，资产负债表的功能就是帮助主体理清某个固定时间点的财务状况，即家庭拥有的资产是多少，负债是多少，表 1-2 所示为资产负债表举例。

**表 1-2　可供参考的资产负债表**

<table>
<tr><th colspan="7">家庭资产负债表</th></tr>
<tr><th colspan="7">日期：</th></tr>
<tr><th colspan="4">资　产</th><th colspan="3">负　债</th></tr>
<tr><th>分　类</th><th>项　目</th><th>现值</th><th>收益</th><th>项　目</th><th>剩余债务</th><th>年限</th></tr>
<tr><td rowspan="4">现金及现金等价物</td><td rowspan="2">现金及活期存款</td><td rowspan="2"></td><td rowspan="2"></td><td>房贷</td><td></td><td></td></tr>
<tr><td>车贷</td><td></td><td></td></tr>
<tr><td>货币基金</td><td></td><td></td><td>信用卡欠款</td><td></td><td></td></tr>
<tr><td>……</td><td></td><td></td><td>花呗 / 京东白条消费</td><td></td><td></td></tr>
<tr><td rowspan="6">金融资产</td><td>债券</td><td></td><td></td><td>各种抵押 / 经营贷等欠款</td><td></td><td></td></tr>
<tr><td>基金</td><td></td><td></td><td>应付账款</td><td></td><td></td></tr>
<tr><td>股票</td><td></td><td></td><td></td><td></td><td></td></tr>
<tr><td>保险</td><td></td><td></td><td></td><td></td><td></td></tr>
<tr><td>期货</td><td></td><td></td><td></td><td></td><td></td></tr>
<tr><td>……</td><td></td><td></td><td></td><td></td><td></td></tr>
<tr><td rowspan="5">实物资产</td><td>房产（自用）</td><td></td><td></td><td></td><td></td><td></td></tr>
<tr><td>房产（投资）</td><td></td><td></td><td></td><td></td><td></td></tr>
<tr><td>汽车</td><td></td><td></td><td></td><td></td><td></td></tr>
<tr><td>贵金属及收藏品</td><td></td><td></td><td></td><td></td><td></td></tr>
<tr><td>……</td><td></td><td></td><td></td><td></td><td></td></tr>
<tr><td rowspan="2"></td><td>资产合计(元)</td><td colspan="2"></td><td>负债合计（元）</td><td colspan="2"></td></tr>
<tr><td>净资产(元)</td><td colspan="5"></td></tr>
</table>

家庭资产负债表不是固定不变的，家庭成员可以根据实际情况对表中

的项目进行增减。从结构上来说，资产负债表主要分为3个部分，即资产、负债与净资产。其中，资产负债表用到的一个核心公式：

资产 = 负债 + 净资产

2. 分析家庭资产

家庭资产是指家庭拥有的能以货币计量的财产、债权和其他权利，在一段时间内，家庭资产可以使用收支储蓄表来管理。从时间上来看，若记录的是每月收支情况，则是月度收支表，如表1-3所示；若记录的是每年的收支情况，则是年度收支表，如表1-4所示。

表1-3 可供参考的月度收支表

| 月度收支表 | | | |
|---|---|---|---|
| 收入 | | 支出 | |
| 项目 | 金额 | 项目 | 金额 |
| 基本工资 | | 房贷月供 | |
| 提成 | | 日常生活开支，如水电气、交通、通信以及日用品等 | |
| 奖金 | | 衣物 | |
| 利息与分红 | | 医疗 | |
| 租金 | | 汽车保养 | |
| 其他收入 | | 休闲娱乐 | |
| | | 基金定投 | |
| | | 个人护理 | |
| | | …… | |
| **收入合计（元）** | | **支出合计（元）** | |
| **月度结余（元）** | | | |

表 1-4 可供参考的年度收支表

| 年度收支表 | | | |
|---|---|---|---|
| 收　入 | | 支　出 | |
| 项　目 | 金　额 | 项　目 | 金　额 |
| 工资收入 | | 房贷月供 | |
| 年终分红 | | 日常生活开支，如水电气、交通、通信以及日用品等 | |
| 理财收入 | | 衣物 | |
| 其他收入 | | 个人护理 | |
| | | 医疗 | |
| | | 汽车保养 | |
| | | 休闲娱乐 | |
| | | 基金定投 | |
| | | …… | |
| **收入合计（元）** | | **支出合计（元）** | |
| **年度结余（元）** | | | |

上面的两个表格只作为示意，用于读者参考使用，其他未尽事项读者可以根据实际情况自行增减。其中，表内部分不方便估价或估价容易出现较大偏差的项目，建议按最低价值进行折算，避免出现过高的估价，从而导致折现时无法达到预期目的。

**理财贴示** *消费类固定资产*

消费类固定资产是家庭生活的必需品，通常不会产生收益，还会折旧贬值，如汽车、家用电器以及手机等。因此，在计算家庭资产时，不能将其归入家庭收益类资产中。

### 1.2.3 计算家庭开支情况

在日常生活中，每个人都想建立一个成员和睦、经济宽裕的家庭。从生活的实际情况出发，切实计算家庭开支情况，巧妙地安排家庭开支，可以更好地管理家庭财务。

1. 家庭支出的分类

通常情况下，家庭支出除了包括吃穿用住行、医疗以及教育等生活必备消费外，还包括兴趣爱好消费、捐赠等随机支出，以及投资费用、保险费用等理财支出。因此，家庭支出主要可以分为4个部分，分别是固定开支、非固定开支、阶段性开支与其他随机开支。

◆ 固定开支

简单而言，固定开支就是一定时期内固定不变且必须进行的支出，可将其看作家庭的最低生活成本，只有扣除了这部分开支，余下的收入才能被家庭真正地随意支配，如表1-5所示。

**表1-5 家庭固定开支统计表**

| 项　目 | 金　额 | 支出日期 |
| --- | --- | --- |
| 电费 | | |
| 燃气费 | | |
| 水费 | | |
| 通信费 | | |
| 交通费 | | |
| 保险费 | | |
| 偿还贷款 | | |
| 物业管理费 | | |

续表

| 项　　目 | 金　　额 | 支出日期 |
|---|---|---|
| 生活费 | | |
| 网络费 | | |
| 房屋租赁费 | | |
| …… | | |
| **支出合计（元）** | | |

家庭成员可以根据家庭的不同情况，对表格中的项目进行调整，然后使用支出合计数值乘以12，就能得到家庭在一年内的固定开支。

◆ 非固定开支

非固定开支是指在一定时期内必须使用但不固定的支出，如购买电子产品、外出就餐、医疗保健以及旅游等开支，这些开支可以根据家庭的收入情况进行适当的调整，既可以选择享受型消费，也可以精打细算过日子。

◆ 阶段性开支

阶段性开支是指那些不会每月出现但在某阶段会出现的开支，如换季购买衣物、为宠物打疫苗以及子女学费等。

◆ 其他随机开支

其他随机开支通常是指不在计划内的开支，如更换电视机、为子女购买玩具等。这种开支并非必须，所以是家庭理财中最需要规划的开支，家庭成员常常会根据家庭情况进行随意消费，却不知无形中已经花出去了一大笔钱。

### 2. 家庭支出管理

在对家庭开支项目有所了解后，就可以对相应支出进行管理，从而避免出现奢侈浪费或入不敷出的情况，此时要特别注意制定合理预算、避免盲目投资，同时还应戒掉一些不好的消费习惯。

为了不随意花钱，不“败光”家庭的流动资产，每个家庭成员都需要合理控制自己的消费欲望，为家庭积累储蓄资金。其中，家庭成员可以通过以下方法来管理财务。

**管理开支。**定期制作开支预算表，对一些不必要的开支进行压缩。

**明确记账。**对花费进行详细记载，掌握每笔款项的具体流向。

**适当储蓄。**储蓄可以帮助家庭积累资金，使家庭的财富积少成多。

**学会投资。**从表面上看，投资也是在花钱，但却在花钱的同时获取收益。

## 1.3 科学理财，做个家庭账簿

**建立一本合理有效的家庭账簿，不仅可以帮助家庭成员清晰明了地看到收入与支出项目，还能帮助家庭找到一条开源节流、维持财务良性循环的好途径。其中，家庭账簿具有简明、易记、易算等特点，家庭成员可以根据家庭的实际情况建立账簿，用以记录家庭在一定时期内赚了多少、花了多少、消费渠道、应收欠款以及预期开支等情况。**

### 1.3.1 家庭记账的方法

家庭记账也有一定的方法，必须按照科学的方法来进行才有效果，因为家庭记账不是简单使用小本子将各项支出依次记录下来就行，而是需要坚持，需要通过一定的方法来减少记账工作量、降低记账的枯燥性，从而使家庭记账这种方式真正发挥出效果。家庭账目比较复杂，想要清楚地对其进行记录，就必须使用相应的方法。

- 家庭记账不是简单地记流水账，需要分账户、按类目记录。
- 记账时需要分清楚收入与支出两项，这样才能清楚钱的具体流向。
- 在外消费时，需要养成索要发票的习惯，按消费性质与日期对单据进行分类，作为记账统计时的凭据。
- 家庭记账需要确保及时、连续、准确、清晰地记录每笔款项，只有这样才能保证记账不遗漏或不出错。

**理财贴示** *家庭记账的好处*

通过记账可以更好地了解家庭的收支情况，看看家庭内到底积累了多少钱，花出去多少钱，钱都花在什么地方。家庭记账具体有以下几点好处。

- 增强家庭成员对财务的敏感度，提高家庭的理财水平。
- 可以掌握家庭或家庭成员的收支情况，合理规划消费与投资。
- 有利于家庭成员养成良好的消费习惯。
- 能促进家庭成员的和睦相处。
- 能帮助记录生活、社会变化。
- 可以起到备忘录的作用。

### 1.3.2 记录现金日记账

现金日记账是由出纳人员根据审核无误的现金收付凭证，按时间顺序逐笔登记的账簿。在家庭记账中，现金日记账用来逐日反映家庭现金的收入、支出及结余情况。为了确保账簿的安全、完整，现金日记账必须采用订本式账簿。

家庭成员可以在文具店购买现金日记账本，用来记录家庭的日收入开支情况。家庭成员也可以通过 Excel 应用程序手动制作记账表格，通过自动化办公的手段，统计、管理家庭中的现金开支情况，如表 1–6 所示。

表 1-6　手动制作的家庭现金日记账表

| 现金日记账表 | | | | | |
|---|---|---|---|---|---|
| 日　期 | 项　目 | 收入（元） | 支出（元） | 余额（元） | 备　注 |
| | | | | | |
| | | | | | |
| | | | | | |
| | | | | | |

### 1.3.3　制作收支平衡表

如何保持收入大于支出，或者至少做到收支平衡呢？这就要求家庭成员了解收入是如何来的，又是如何花出去的，而收支平衡表可以反映出家庭在一段时期内的财务活动状况，帮助家庭成员了解钱的去向。

家庭收支平衡表是反映家庭收入来源、支出去向及资金结存状况，用以分析家庭购买力及消费情况的资料报表。其中，家庭利用收支平衡表可以做好收支管理，记录好每天的收支情况，定期检查家庭是否存在不必要的开支，并对未来的收入与支出预先做好规划。

其中，家庭收支平衡表主要是对月度、季度与年度的各收支项目进行详细记录，然后对家庭资产进行归纳统计，如表 1–7 所示。

表 1-7 家庭收支平衡表

| 家庭收支平衡表 | | | | |
|---|---|---|---|---|
| **收入来源** | **项　目** | **月度金额（元）** | **季度金额（元）** | **年度金额（元）** |
| 个人收入 | | | | |
| 配偶收入 | | | | |
| 赡养费 | | | | |
| 利息 | | | | |
| **收入合计** | | | | |
| **固定支出** | **项　目** | **月度金额（元）** | **季度金额（元）** | **年度金额（元）** |
| 住房贷款 | | | | |
| 生活费 | | | | |
| 教育费 | | | | |
| **固定支出合计** | | | | |
| **变动支出** | **项　目** | **月度金额（元）** | **季度金额（元）** | **年度金额（元）** |
| 置装费 | | | | |
| 娱乐费 | | | | |
| **变动支出合计** | | | | |

上述表格中简单列举了示例条目，家庭成员可以根据家庭的实际收支情况对项目进行调整。

### 1.3.4 编列财务预算

家庭财务预算是建立在事实基础上经过分析而进行的，是一种有效的行为，可以使家庭收支保持平衡，避免陷进入不敷出的困境。一旦家庭步入正轨，日常需要的支出就会出现相应的规律，做好每个阶段的财务预算规划，则是做好家庭理财的必要工作。

对于支出而言，编列财务预算就是编制消费计划，即某个时间段需要购买什么样的物品，将所有准备支出的项目列在清单上，然后按清单依次消费，且平时关注不必要的花费，及时调整消费清单，尽量避免冲动消费。

**案例实操**

### 制作家庭财务预算表

36 岁的刘先生是双薪家庭，夫妻两人的月薪合计 1.5 万元。当前财务状况列示如下：银行存款 5 万元，股票投资 6 万元，住房市值 85 万元，房贷负债 40 万元。此外，还需每月支出生活费 0.5 万元，房贷 0.35 万元。

由于生活需要，刘先生想要购买一台价值 1.2 万元的立式空调，计划在半年内完成购买，再结合其他预期购买项目，刘先生制作出了财务预算表，列示了财务预算项目，如表 1–8 所示。

表 1–8　财务预算表

| 2020 年财务预算表 | | | |
|---|---|---|---|
| 项　　目 | 预期时间 | 金额（元） | 备　　注 |
| 固定支出 | 每月支出 | 8 500 | |
| 台灯 | 1 个月内购买 | 180 | |
| 动感单车（健身器材） | 2 个月内购买 | 1 500 | |
| 更换手机 | 3 个月内购买 | 3 500 | |
| 电磁炉 | 3 个月内购买 | 460 | |
| 给孩子购买生日礼物 | 5 月初购买 | 500 | |
| 烤箱 | 半年内购买 | 600 | |
| 电动车 | 半年内购买 | 1 800 | |

续表

| 项　　目 | 预期时间 | 金额（元） | 备　　注 |
|---|---|---|---|
| 空调 | 半年内购买 | 12 000 | |
| 换季购买衣物 | 一年内购买 | 2 000 | |

从上述案例中可以看出，在刘先生编列的财务预算表中，大多数支出项目都集中在上半年。所以，刘先生可以按照所需物品的需求强度调整购买次序，如将价格昂贵的空调调整到下半年再购买，因为上半年基本上无须使用空调。

### 1.3.5 在网上晒账单

为避免成为“月光族”，不少家庭开始到网上“晒”账单，以提醒家庭成员节制开销。网上“晒”账单是当前比较流行的理财方式，“晒”出的账单中详细记录了购物费、聚餐费、交通费以及电话费等开支，网站也会自动生成相关统计数据与分析图表，最后给出“花钱”的指导意见。同时，账单后面还有其他用户的评论，帮助分析开销是否合适，有无过度开支情况。

通过网上“晒”账单，家庭成员可以养成理性消费习惯，与其他用户交流省钱秘诀，可以节省不少开支。目前，市面上比较好的记账 App 与网站有圈子账本、Timi 时光记账和 MYMONEY 等。

◆ 圈子账本

圈子账本是一款简单有趣的记账 App，产品主打场景化记账，拥有单人流水账、多人共享记账与多人 AA 记账三大记账功能，分为圈子账本和单人账本两种情况，主要具有以下几种功能特点：

**流水账本。**个人记账及财务管理功能，记录日常花销。

**共享账本。**多人共同管理一个账本，适合情侣、家人以及生意伙伴等一起记账。

**AA制记账。**解决同事聚餐、结伴旅行、合租以及同学聚会等场景下中的账务问题，避免重复的算账、记账以及转账等麻烦。

**提高记账效率。**自动记账、拍照记账、周期记账、记账提醒、智能统计以及最优结算方案等功能，实现财务的自动化管理。

◆ Timi时光记账

Timi时光记账是一款简单、实用的记账App，专注记账理财，主打时光记账，以时间轴、快拍记账为特色，强调支出控制，力求简洁，让记账变得更有趣。Timi时光记账具有以下几点特色功能。

**时间轴记账法。**多样化图标详细统计资金去向，直观展示账单流水，精美的时光轴让琐碎的记账变得高级有趣。

**精准的开支控制。**通过预算提醒、控制当前开支功能，及时提醒用户合理消费。

**我的历史收入/支出。**随心分析月度账单或年度账单，饼图、柱状图完美呈现收入和开支项目占比，从而使收入来源和开支去向一目了然。

**我的结余状况分析。**清晰明了的消费折线图，帮助用户快速了解财务走势。每月结余率直观呈现，给用户最贴心、最有效的理财建议。

◆ MYMONEY——您的家庭财务管家

MYMONEY是一个面向个人和家庭的网上理财记账和投资管理工具，简单来说就是一个理财记账网站。

目前，MYMONEY支持两种记账方式：一是电脑记账，可以直接登录MYMONEY官网进行记账（网址：http://www.qian168.com/）；二是手机 App 记账，在各大应用商店即可下载安装 App，不过当前只支持安卓平台。常见的功能如下：

**最基本的日常收支管理。**门槛低，强大又好用。

**多用户记账。**所有家庭成员参与，互相监督审核。

**收支计划管理。**支持月度、季度、半年度或年度计划。

**资产负债管理。**支持十几种常见的金融产品管理和交易维护。

**投资损益分析。**对股票、基金等投资全程跟踪管理和进行损益分析。

**损益和资产负债报表。**全图形化、多方位与多维度。

**流水及账页查询管理。**帮助用户及时掌握所有交易或流水细节。

### 1.3.6 分析家庭财务状况

梳理好家庭资产后，可以直观地看到家庭的财务情况，家庭财务规划者可以按需要对家庭财务状况进行整理与分析，从而发现财务上可能存在的问题并对其进行改善。在分析家庭财务状况时，需要用到的最主要的财务指标有以下几个：

#### 1. 偿付比率

偿付比率反映了家庭的财务结构是否合理，以及家庭综合还债能力的高低，计算公式如下：

偿付比率 = 净资产 / 总资产 =(总资产 − 总负债) / 总资产

通常情况下，偿付比率的变化范围在 0 到 1 之间，该项数值应高于 0.5 为宜，而 0.6 到 0.7 较为适宜。

若偿付比率太低，说明家庭生活主要靠借债来维持，遇到经济不景气或财务到期时，很可能出现资不抵债的情况；若偿付比率太高，说明家庭成员没有充分利用个人的信用额度，此时可以通过借款来进一步优化家庭的财务结构。

### 2. 负债比率

负债比率是家庭负债总额与总资产的比值，是衡量家庭财务状况是否良好的重要指标，其计算公式如下：

负债比率＝负债总额 / 总资产

一般而言，该项数值应该低于 0.5 为宜，以减少由于资产流动性不足而出现财务危机的可能；如果负债比率大于 1，则说明家庭财务状况不容乐观，负债非常严重。

### 3. 流动性比率

流动性资产是指未发生价值损失条件下能迅速变现的资产，主要由现金、银行存款、基金以及现金等价物构成，流动性比率反映了家庭支出能力的强弱，其计算公式如下：

流动性比率＝流动性资产 / 每月支出

家庭应该预留一部分流动性资产，来应付 3 ~ 6 个月的日常开支，切忌把所有钱都用来投资。流动性比率不宜过大，如果该数值过大，就会因为流动资产的收益不高，影响到家庭资产的进一步升值。

### 4. 负债收入比率

负债收入比率，又称为债务偿还收入比率，是指家庭到期需支付的债务本息与同期收入的比值，它是衡量家庭一定时期财务状况是否良好的重要指标，其计算公式如下：

负债收入比率＝每年偿债额 / 税后年收入

该项数值保持在0.5以下比较合适，负债收入比率过高，则家庭在进行贷款时会出现一定困难，银行会进一步分析家庭的资产结构与借贷情况。例如，家庭的负债收入比率为0.124，即表示每年有12.4%的家庭收入用于偿还债务。

#### 5. 投资与净资产比率

投资与净资产比率是指家庭投资资产与净资产的比值，反映家庭通过投资增加财富以提高净资产的能力，其计算公式如下：

投资与净资产比率＝投资资产 / 净资产

该项数值在0.5左右为宜，如果在0.5，既能保持适当的投资收益，又不会面临太高的风险。对于年轻人组建的家庭而言，在0.2左右属于正常，因为投资规模受到自身财富累积的影响。例如，家庭的投资与净资产比率是0.53，说明该家庭净资产的一半以上是由投资组成的。

**理财贴示** *投资资产的概念*

投资资产是能带来投资收益的资产，包括金融资产和投资用不动产，自己居住的房产只能算是资产，不能算作投资资产。

**案例实操**

### 分析家庭财务状况

蒋先生为某互联网公司的管理人员，税后年工资收入约30万元，今年36岁；蒋太太为某高中的数学教师，税后月工资收入约5 000元，税后年终奖金约48 500元，34岁。同时，家中还有个7岁的女儿。

夫妻俩在股市投资了两只股票，当前价值为30万元，并拥有银行活期存款20万元左右。前几年，蒋先生家在重庆购买了一套总价为80万元的住房，该房产还剩15万元左右的贷款未还。另外，蒋先生家在重庆还有一处54平方米的公寓并已出租，每月租金收入2 000元，房产的市场价值50万元。

每月给双方父母的补贴约为2 000元，每月房屋按揭还贷3 300元左右，家庭日常开销每月在4 000元左右，孩子教育费用每月平均为1 000元。为了提高生活满意度，蒋先生家每年都有外出旅行的习惯，花费约15 000元左右。目前，夫妻俩的保险理财产品现金价值10 850元，商业保险费用年支出5 000元。

此外，蒋太太有在未来5年购买第3套住房的家庭计划，预算在80万元左右。同时，为了接送孩子读书与出行方便，夫妻俩有购车的想法，目前看好的车辆总价约为30万元。夫妻俩还想在10年后送孩子出国念书，综合各种支出因素，每年预计需要支出10万元，本硕连读共6年。由此，可以制作出家庭资产负债表与年度收支表，如表1–9、表1–10所示。

**表1-9　资产负债表**

| 家庭资产负债表（单位：元） | | | | | | |
|---|---|---|---|---|---|---|
| 日期：2019年12月31日 | | | | | | |
| 资　产 | | | | 负　债 | | |
| 分　类 | 项　目 | 现值 | 收益 | 项　目 | 剩余债务 | 年限 |
| 现金及现金等价物 | 现金 | 0 | | 信用卡欠款 | 0 | |
| | 活期存款 | 200 000 | | 住房贷款 | 150 000 | |
| 现金及现金等价物小计 | | 200 000 | | | | |
| 金融资产 | 股票 | 300 000 | | | | |
| | 寿险 | 10 850 | | | | |
| | 其他金融资产 | 0 | | | | |

续表

| 资产 | | | | 负债 | | |
|---|---|---|---|---|---|---|
| 分类 | 项目 | 现值 | 收益 | 项目 | 剩余债务 | 年限 |
| 金融资产合计 | | 310 850 | | | | |
| 实物资产 | 房产（自用） | 800 000 | | | | |
| | 房产（投资） | 500 000 | | | | |
| 实物资产小计 | | 1 300 000 | | 负债合计 | 150 000 | |
| 资产合计 | | 1 810 850 | | 净资产 | 1 660 850 | |

**表 1-10　年度收支表**

| 年度收支表（单位：元） | | | |
|---|---|---|---|
| 日期：2019 年度 | | | |
| 收入 | | 支出 | |
| 项目 | 金额 | 项目 | 金额 |
| 蒋先生工资收入 | 300 000 | 房屋按揭还贷 | 39 600 |
| 蒋太太工资收入 | 60 000 | 日常生活支出 | 48 000 |
| 奖金 | 48 500 | 商业保险费用 | 5 000 |
| 租金收入 | 23 280（税后） | 休闲娱乐费用 | 15 000 |
| | | 赡养老人费用 | 24 000 |
| | | 孩子教育费用 | 12 000 |
| 收入合计 | 431 780 | 支出合计 | 143 600 |
| 年度结余（元） | 288 180 | | |

从上表的数据中可以看出，蒋先生家的资产大部分以实物资产为主，金融资产中股票占比较多，家庭负债只有住房贷款，所以负债压力较小。不过，家庭收入主要来自夫妻俩税后工资，收入比较单一。如果家庭中有

人辞职或出现意外，容易使家庭陷入困境。

而在家庭的支出中，日常消费开支不是很大，但家庭生活比较传统，储蓄意识也很强，消费水平偏低。此时，可以通过蒋先生家的财务资料，对相应的财务指标进行分析。

◆ 偿付比率＝净资产／总资产=1 660 850 / 1 810 850=0.92。偿付比率的数值应保持在0.5以上，蒋先生家已达到了0.92，说明家庭财务状况良好，另外，蒋先生家还可以更好地利用借款以提高资产的整体收益率。

◆ 负债比率＝负债总额／总资产=150 000 / 1 810 850 =0.08。负债比率的数值通常控制在0.5以下，蒋先生家的该指标明显偏低，与偿付比率反映出了相同的问题。

◆ 流动性比率＝流动性资产／每月支出=200 000 / (143 600 / 12)=16.71。流动性比率的数值通常为3～6，蒋先生家的指标已经达到了16.71，流动性资产可以支付未来16～17个月的支出。

◆ 负债收入比率＝每年偿债额／税后年收入=39 600 / 431 780=0.09。负债收入比率的临界值为0.4，蒋先生家的负债收入比率为0.09，说明蒋先生家的短期偿债能力可以得到保证，不容易发生家庭财务危机。

◆ 投资与净资产比率＝投资资产／净资产＝(300 000 + 10 850 + 500 000) / 1 660 850=0.49。接近参考值0.5，说明蒋先生家的投资意识比较强，有利于实现财务自由。

通过对各项指标进行分析后发现，蒋先生家的财务结构不是特别合理。其中，偿付比率较高，负债比率偏低，负债收入比率偏低，流动性比率偏高。因此，蒋先生家可以充分利用家庭的财务贷款，适当调整家庭资产结构，降低活期存款的额度，增加投资性资产的比例，从而使家庭获取更多收益，资产得到保值增值。

# 1.4 正视家庭，打造可行的理财计划

**如果一个家庭拥有大笔的资产，但却缺少科学的理财计划，那是件可惜的事情，因为资产自身并不增长。此时，家庭成员需要正视理财，制作合理的理财计划，使自己的资产得到增值。**

## 1.4.1 判断家庭风险承受能力

家庭在决定投资理财前，需要先评估家庭的风险承受能力，做出正确的理财计划，从而有效平衡理财过程中的投资风险与收益。在判断家庭风险承受能力的强弱时，家庭成员需要根据不同的情况进行综合评估。通常情况下，家庭风险承受能力分为4个等级，如表1-11所示（★表示承受能力的强弱）。

表1-11 家庭风险承受能力评估表

| 风险承受能力评估表 | | | | | |
|---|---|---|---|---|---|
| 风险承受力 | 收入成员 | 收入来源 | 工作性质 | 稳定情况 | 收入情况 |
| ★ | 单亲 | 单一 | 创业初期、临时工 | 不稳定 | 较低 |
| ★★ | 双亲 | 偶尔兼职 | 私企、创业中期 | 较稳定 | 持平 |
| ★★★ | 亲子两代 | 偶尔投资 | 中大型企业、自主事业 | 稳定 | 较高 |
| ★★★★ | 三世 | 长期投资 | 公务员、事业单位 | 非常稳定 | 高 |
| 风险承受力 | 储蓄 | 投资 | 负债 | 家庭阶段 | 身体状况 |
| ★ | 很少 | 负债投资 | 较多 | 成长期 | 重大疾病 |
| ★★ | 较少 | 流动投资 | 中等 | 退休期 | 慢性病 |

续表

| 风险承受力 | 储　　蓄 | 投　　资 | 负　　债 | 家庭阶段 | 身体状况 |
| --- | --- | --- | --- | --- | --- |
| ★★★ | 中等 | 固定投资 | 较少 | 形成期 | 较好 |
| ★★★★ | 丰厚 | 固定资产 | 没有 | 成熟期 | 很好 |

家庭成员结合具体情况，统计出风险承受力的级别，即统计所有“★”的个数，然后除以项目数，计算出风险承受力的平均值，即可得出大致的家庭风险承受能力情况。其中，风险承受力评估结果如下：

◆ 风险承受力的数值在 1.8 以下，则该家庭为保守型，风险承受能力较低，家庭成员需要注意储蓄并拓展收入来源。

◆ 风险承受力的数值在 1.8 ~ 2.5（含），则该家庭为稳健型，风险承受能力一般，家庭成员需要控制股票与股票类基金的投资比率。

◆ 风险承受力的数值在 2.5 ~ 3.5，则该家庭为积极型，风险承受能力较强，家庭成员在预留紧急预备金后，可灵活进行多种投资。

◆ 风险承受力的数值在 3.5（含）以上，则该家庭为进取型，风险承受能力极强，家庭成员在控制高风险理财产品的投资比率后，可以进行其他任意理财产品的投资。

**案例实操**

### 分析家庭风险承受能力

吴小姐在本地的县城开了一家小菜店，自己是个单身母亲，有个 9 岁的女儿，正在念小学。因此，吴小姐家的情况为收入来源单一、不稳定、收入不高以及没有固定资产。

目前，吴小姐计划将 20 万元存款全部用来购买股票投资，那么该家庭的风险承受能力如表 1-12 所示。

表 1-12　吴小姐家风险承受能力评估表

| 吴小姐家的风险承受能力 | | | | | | | |
|---|---|---|---|---|---|---|---|
| 风险承受力 | 收入成员 | 收入来源 | 储蓄 | 收入稳定度 | 家庭阶段 | 收入情况 | 工作性质 |
| ★ | 单亲 | 单一 | 很少 | 不稳定 | 成长期 | 较低 | 创业初期 |
| 风险承受力 | 投资 | | | | | | |
| ★★ | 流动投资 | | | | | | |
| 风险承受力 | 负债 | 身体状况 | | | | | |
| ★★★★ | 没有 | 很好 | | | | | |

从上述表中可以计算出，吴小姐家的风险承受力为1.7，为保守型。不过，这个数值很大程度上依赖于吴小姐的身体状况，如果长期劳累，身体状况会随时变坏，对应的风险承受力分值还会下降。

由此可知，吴小姐与女儿组成的家庭，其实风险承受能力较差。在家庭理财过程中不应该选择股票这种风险较高的投资方式，否则容易使家庭陷入困境。

**理财贴示** *年龄对风险承受力的影响*

年龄和风险承受力成反向变动关系，年纪越小风险承受力越强。一般情况下，老年人没有工作收入，健康情况也在下降，除了要做好养老保障外，还应该注重安稳的生活。

## 1.4.2　制定家庭理财目标

目前，越来越多的家庭开始重视理财，以便让余钱为家庭赚到更多的收益，不过在理财时需要先制定出合理的理财目标。

理财目标是家庭中长期的重要规划之一，可以促使家庭成员控制支出、坚持储蓄以及进行理财投资，在家庭发展的过程中可以不断调整目标。以家庭需求为渐进顺序，可以按照如表 1-13 所示的流程设立理财目标。

**表 1-13　家庭理财目标的设立流程**

| 目标阶段 | 目标内容 | 详　　情 |
| --- | --- | --- |
| 初级目标 | 组建温馨家庭；<br>维系家庭正常运转；<br>家庭意外事故疾病保障 | 举办婚礼、租房购房、积蓄紧急预备金、购买社保医保及商业补充保险等 |
| 中级目标 | 保证子女教育条件；<br>提升家庭生活质量 | 教育储蓄、宽敞房屋、时尚家用电器、收藏、名牌衣物等 |
| 高级目标 | 家庭富裕、老有所依；<br>资产增值、家财丰厚 | 充盈的养老金、充足的流动资产与固定资产等 |

根据家庭的实际情况，家庭成员可以制定比较详细的理财目标，具体方法如下：

◆ 根据家庭在不同时期的不同状况，依次将各种目标列举出来。

◆ 筛选出比较容易实现的目标，然后将目标规划到目标大纲中。

◆ 结合目标实现所需要的资金与紧急程度，按照先短期后长期的顺序对目标进行排序。

◆ 首先确定某个阶段的大致目标，然后对该目标进行精分。

在制定理财目标时，还需要根据实际情况对目标的顺序进行调整。例如，子女教育类经费需要做长期规划，但它依然应该排在享乐型的中长期目标之前，每年必须在完成教育储蓄之后，才能对享乐型的生活物品进行购买。

# 第2章

# 原始积累，大宗消费的省钱秘籍

想要家庭有钱做理财，就要注重原始积累。对于工薪家庭而言，开源节流是最简单的积累财富的手段，是家庭理财的基础。因此，家庭财务规划者需要找到适合家庭所处阶段的消费要点，切准可节约的花钱项目，削减不必要的日常开支，从而实现积累家庭财富的目的。

# 2.1 家庭阶段性理财消费要点

**由于每个阶段的收入、支出和家庭理财目标都不一样，所以家庭在每个阶段的理财消费要点也不一样。其中，家庭的生命周期大概可分为 5 个阶段：家庭形成期、家庭成长期、子女教育期、家庭成熟期与衰老期。**

## 2.1.1 理财转折的家庭形成期

家庭形成期是指家庭组建者从结婚到子女出生这一阶段，该时期正是家庭最轻松的时候，家庭组建者的事业处在成长期，收入逐渐增加。不过，也正是因为年轻，支出较多，多数人除了有房贷月供之外，还要为孩子出生做准备。

从整个家庭生命周期来看，家庭形成期的理财规划相对比较重要，在之后的其他阶段只要根据家庭的实际情况对该规划进行调整即可。不过，组建家庭后就不能只考虑两人的享乐，要合理理财才能使家庭更和谐，才不至于背负较大的经济压力。因此，家庭形成期需要注意以下几个要点：

**控制生活成本。**通常情况下，需要将家庭每月的日常开销控制在收入的 50% 以内，合理的成本控制不仅可以使家庭成员享受生活，还能避免因资金周转不灵而使家庭陷入困境。

**建立公共账户。**为家庭设立公共银行账户，每月都按相应比例存钱以供常规家庭支出。

**改变消费观念。**不要以对方花钱是否大方作为评判感情的标准，家庭成员都得精打细算、勤俭节约，适度消费才能确保家庭良性发展。

**消费量力而行。**由于家庭刚刚组建好，生活压力比较大，所以，家庭成员需要权衡家庭的基本情况和未来的收支情况，量力而行的规划购房、购车等支出项目，以免影响到家庭理财计划。

**职业生涯的规划。**当前是个竞争激烈的社会，对于准备生孩子的年轻父母而言，规划好职业生涯至关重要，使自己的职业生涯“前途无量”，才能真正承担起家庭的重大责任。

另外，家庭形成期在家庭理财规划上，可以保持进攻型状态，即在安排好即期消费和基本避险的前提下，规划部分私人资本进行风险投资，以使资本效益最大化，实现家庭财富的保值与增值。

### 2.1.2 家庭成长期的消费要点

家庭成长期是指家中第一个孩子出生前到义务教育开始前这一阶段，是家庭的主要消费期。随着新生命的到来，年轻父母开始意识到自己的家庭责任，理财价值观也逐步形成。

通常情况下，处于该时期的家庭，家庭成员固定且经济收入增加，却需要支付孩子的抚养和教育费用，可能还需购买住房及大宗生活必需品，所以消费支出非常高。另外，现代社会中孩子的消费在家庭支出中占比很大，即便是某些家庭公用的大件消费也会以孩子的需求为中心。因此，家庭成长期的消费要点具体如下：

- 提前预留紧急预备金，确保日常生活能正常运转。
- 为家庭的主要劳动力做保险规划，如购买重大疾病险、意外险等，增加家庭抗风险能力。

- 用基金定投和投资教育保险的方式，为孩子积累教育经费。
- 如果房贷比例较高，应尽量先还贷款，不宜在贷款比例较高时考虑投资，避免计划外的超前消费。
- 创业有风险，必须有一定的经济基础，所以该阶段的创业需求往往需要进行更慎重的考量。

### 2.1.3 子女教育期的理性开支

子女教育期是指子女接受教育的这段时间，处于该时期的家庭，子女教育支出压力激增，如学费、生活费以及兴趣爱好培养费等。另外，此阶段的子女消费能力也增大，消费项目呈现多元化，如购物、旅游以及吃喝玩乐等。但随着家庭成员工作年限的增长，收入也会逐渐增加。

在子女教育期，比较富裕的家庭可以考虑增加以创业为目的的投资，如购买股票、房产投资等。但对于手头不是很宽裕的家庭而言，则应该将理财重点放到子女教育费用和生活费用的控制上，在保证子女顺利完成学业的基础上，尽量避免支出超出家庭承受力的教育费用。另外，该阶段的家庭主要劳动力开始步入中年，身体机能呈现下降趋势，需要为其购买一些保障性的保险。

由此可知，子女教育期的支出应该以理性消费为主，避免出现冲动型支出。并且随着支出项目的增加，家庭的风险承受力也随之减弱，所以家庭风险资产的配置比例需要适当降低。

### 2.1.4 合理享受的成熟期与退休期

家庭成熟期指子女参加工作到自己退休的这段时间，该阶段通常不会再负担子女的所有支出，财务状况较好，资产大于债务，开始产生闲余资金；家庭退休期是指家庭主要劳动力退休后的这段时间，家庭在该阶段的财富已经积累到一定程度，手上的资金较为充足。

这两个阶段具有一个共同的特点，即家庭中负债减少，家庭成员收入稳定，家庭的必要支出也减少。家庭成员在预留出生活费和养老保障金后，可以合理地享受收入，确保身心健康。同时，家庭的风险承受力再度增强，家庭成熟期可以适当配置一些风险资产，家庭退休期需要多关注养老保险、意外险等理财方式。其中，具体的投资要点如下所示。

**家庭成熟期。**可以将资本的50%用于投资股票或同类基金；40%用于投资定期存款、债券及保险；10%用于投资活期储蓄。

**家庭退休期。**该阶段需要减少风险投资，可以将资本的10%用于投资股票或股票型基金；50%用于投资定期储蓄或债券；40%用于投资活期储蓄。

**理财贴示** *家庭退休期防范诈骗*

家庭退休期的家庭成员，因为不用再工作，每天过得比较清闲，就会过度关注自身的健康问题，这反而容易进入诈骗者的圈套，如保健品骗局、祛病消灾骗局以及养生排毒骗局等。

## 2.2 新婚夫妻的省钱妙招

俗话说，吃不穷，喝不穷，算计不到就受穷。新婚夫妻过日子，也要学会省钱秘诀。“省钱”不仅是一种生活态度，还是一门很深奥的学问，“省钱”不是“抠门”和“一毛不拔”，如果身处经济不景气的大环境中，学会省钱更具有着重要的现实意义。

### 2.2.1 合理地安排你的婚礼

精打细算地过日子要从新婚开始，结婚办婚礼是一项较大的支出，新人想要举办一场热闹且不失体面，又省钱的婚礼并不容易。因此，新人需要根据自己的经济实力做出婚礼预算，为婚礼制定一个合理的理财计划，从而达到省钱的目的。

**购买裸钻**。新人在备婚期间，购买钻石戒指是一个较大的支出，动辄几万甚至十几万。其实，购买钻戒时并不一定要买整个钻戒，可以买裸钻然后找人制作一个精美的戒托，也是非常不错的选择。通常情况下，完整的钻石戒指还需要支付昂贵的手工费，甚至还会在成品钻石戒指的价格基础上加价，所以买裸钻就比较划算。

**购买婚纱礼服**。很多新人往往认为，婚纱只能穿一次，如果花钱购买就不划算。目前，市场中婚纱出租价格通常在 400 ~ 800 元，实际上网络中很多店铺都在卖婚纱，价格同样在数百元之间，不但干净且有特殊的保存价值。

**婚礼举办时间**。当今，很多新人喜欢把婚期定在一些特殊的日子，如 5 月 20 日、七夕节以及国庆节等，这些日子酒店通常生意很好，所以不会打折，甚至还可能涨价。因此，新人最好避开这些日子，选择淡季举办婚礼，这样能省下 10% 以上的费用。

**与酒店协商**。婚宴现场与酒席的预订，也是一个成本较高的备婚环节。在预订酒店的过程中，新人可以尝试与酒店经理进行协商，为自己的婚礼争取一些优惠，如菜品折扣、茶水费、停车费以及自带酒水等。新人可以根据来宾人数与酒店协商，如果争取到了部分优惠，也能为自己省下不少钱。

**拍婚纱照。**巧妙地拍婚纱照，也可以省不少钱。新人可以将部分需要放大的照片，私下找专业彩扩店冲洗，至少能省下三四百元钱。

**蜜月旅行。**淡季结婚除了能节省酒店钱外，还能省下部分蜜月旅行的钱。这主要是因为淡季出游不仅避免了人挤人的场面，还能省出淡季机票、景点门票的折扣费用。另外，如果较早确定旅行时间，提前订购机票还能享受更大幅度的航班折扣优惠。

**短期理财产品收益。**如果父母早早地给新人一大笔钱来筹办婚礼，那么可以先把这笔钱投资到短期银行理财产品中。当需要给婚庆公司、花艺店主以及酒店等支付尾款时，新人已经获取了一定收益。

**搜索酒店打折信息。**可以在一些旅游网站（如去哪儿网、携程网等）中搜索酒店打折信息，或者通过酒店 App 的打折服务来预订客房。当需要为宾客们预订很多房间时，可以享受到相应的优惠。

举办婚礼除了需要支出一大笔钱外，还能收入一大笔钱，那就是结婚礼金。结婚礼金是新家庭中第一笔巨大收入，合理使用这笔收入可以更好地进行家庭理财。其中，结婚礼金的使用要点如下例所示。

小江在结婚时收到了一大笔礼金，除了有父母以及长辈赠送的现金，还有从前已婚友人的“回礼”礼金，这两者都属于可支配的收入。另外，还有一部分是未婚友人的礼金，需要在以后分期偿还人情。

◆ 近期需要“回礼”的礼金不能任意支配，可考虑购买随时可以赎回且能获得收益的货币市场基金。

◆ 父母与长辈赠送的礼金以及亲朋好友“回礼”的礼金，可以随意支配，新人可将其用于购买风险小、收益较高与周期长的国债或者封闭型基金。

◆ 如果情况有变动，需要推迟或取消蜜月计划，使用结婚礼金支付贷款、购买教育基金或购买保险等，都是非常不错的选择。

## 2.2.2 好又省地安家落户

目前，很多城市的房价都很高，买房对于新婚家庭而言是非常有压力的一件事情。因此，很多家庭都希望能在买到好房的同时能少花一些钱，这样省下来的钱可以用于理财。

### 1. 轻松减压的租房

随着房价的日渐高涨，新婚家庭要想买到一套好的住房越来越困难。结婚购房虽然是必须要做的事情，但在家庭财务情况不适合买房时，新婚家庭可以考虑暂时租房生活。

租房比较自由，可以根据工作地点、家庭需求随时变更住房，不需要承担高额的首付款，每月的租金也比贷款少。大部分家庭可以通过以下方法判断是否租房更合适。

**租金与理财收益。**如果将购房款全部用于投资的收益大于租房需要支付的租金，此时可以暂时不考虑购房，而是租房，这样不仅能够暂时缓解购房的压力，而且还能获得部分盈余的理财收益。如果理财收益还不足支付房租，此时将购房款用于投资显然不划算，因此可以考虑购房。

**租金和房贷金额。**如果是财务条件不好的成长期家庭，需要较大面积的住房，在首付款不容易筹集的情况下，可以考虑在城郊租住价格低廉的房子，或者申请廉租房，因为较低的租金可以缓解家庭的财务压力。

**自住房出租与租房住。**如果新婚家庭有能力购买了住房，但该住房在租金高的黄金地段，却远离家庭成员的上班处，则可以考虑将该住房用于出租，然后在地段较偏远且离上班单位近的地方租房居住，这样不仅上班方便，还能赚取租金差价。

另外，对于工作地点变动大的家庭而言，租房比购买更省事，搬家时也不用考虑房产问题，不当“房奴”的生活质量更高。当然，如果家庭比较宽裕，有能力支付购房首付款且工作稳定，可以考虑购房，毕竟租金是给房主的，而支付房贷的房子却是自己的。

**2. 挑选价格适中的住房**

房地产是当下非常热门的话题，因为具有投资和居住双重属性，很多地方的房价居高不下。对于工薪家庭而言，房价越高选择的余地就越来越少。另外，房价是一个随时在发生变动的数据，同一城市的房价差异可达几千元甚至上万元，时间和空间是非常重要的因素。

例如，在2010年之前，成都二环内的房价为8 000元/米²左右，到2011年二环附近房价已经超越10 000元/米²，到2020年由于楼市整体走高，以及内城的地段优势和稀缺放量，二环内在售房地产均价已普遍超过20 000元/米²。另外，同一城市不同区域的房价也各有不同，如图2-1所示。

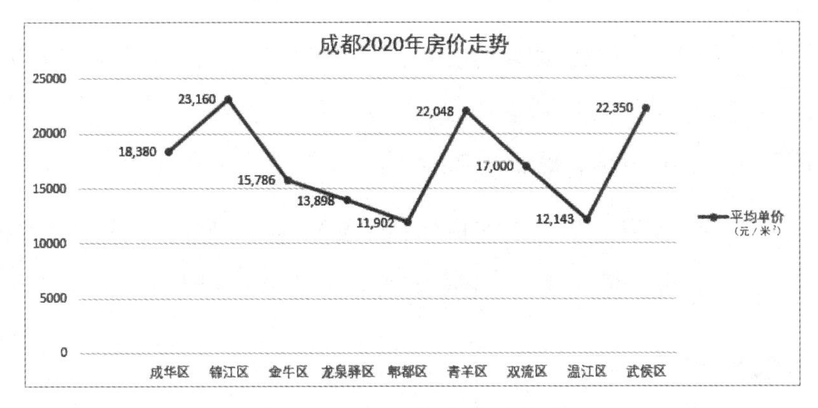


**图2-1 同一城市的房价差异**

因此，新婚家庭中的成员需要保持清醒的头脑，不要贸然进入房市，需要根据家庭的经济状况选择最合适的地段。在慎重考虑学区、交通以及环境等满足自身需求的因素后，再结合家庭的财务状况选择最合适的住房。另外，新婚家庭需要注意同时间与同地段的房价，就算时间与地段相同，房价也可能存在较大的差异，如表 2-1 所示。

表 2-1　相同时间和地段的房价差异

| 影响因素 | 具体差异条件 | 价格变动范围 |
| --- | --- | --- |
| 房地产开发商 | ①大品牌开发商建造的房屋<br>②房屋质量口碑较好<br>③户型合理 | 500 ~ 8 000 元 |
| 周边配套情况 | ①交通方便<br>②繁华位置<br>③小区配套设施完备<br>④绿化面积大 | 500 ~ 4 000 元 |
| 户型结构 | ①户型规整方正<br>②建筑结构抗震<br>③通风性、景观以及房屋朝向等 | 1 000 ~ 3 000 元 |

对很多新婚家庭而言，住房是生活中的刚需，如孩子上学需要住房落户。因此，可以根据实际的需求情况，制作合理的购房方案，为家庭省钱。

通常情况下，在城市黄金地段的房价增长较快，想在购买自住房的同时对房产进行投资，可以考虑在适合居住的黄金地段购置房产，这样可以在自住时等待房产升值，然后在合适价位将其转卖出去获利。

总而言之，新婚家庭在购买房屋时，需要根据家庭的购房目的、需求以及财务状况等因素综合考虑，然后选择最合适的房屋购买。

### 3. 按揭购房的秘诀

选好了房子，接下来的问题就是付款完成交易。但不是所有的家庭都能一次性拿出全部房款，所以就有了贷款买房（也称为按揭购房），即花未来的钱圆当前的梦。不过，新婚家庭在购房之前，一定要弄清楚各种贷款与还款方式的差异。

◆ 贷款方式

如果新婚家庭想要贷款买房，有三种贷款方式可以选择，分别是住房公积金贷款、商业贷款和个人住房组合贷款，具体介绍如表 2-2 所示。

**表 2-2 多种贷款方式**

| 名 称 | 含 义 | 特 点 |
| --- | --- | --- |
| 住房公积金贷款 | 住房公积金是指单位为在职职工缴存的长期住房储蓄，用于职工购买、建造、翻建以及大修自住住房。对于已参加缴纳住房公积金的家庭成员来说，贷款购房时优先选择住房公积金贷款可以享受优惠政策 | ①贷款利率低：公积金贷款利率低且稳定，对新婚家庭而言，使用公积金贷款成为降低购房成本的最好选择，最新个人住房公积金贷款 5 年以下及 5 年以上利率分别为 2.75%、3.25%。<br>②额度有限制：公积金的贷款额度受个人公积金缴存年限、余额的限制，只是对部分住宅适用，而且公积金的最高可贷款额度每个城市的政策都不同 |
| 商业银行贷款 | 即购房抵押贷款，是家庭以所购房屋的产权作抵押，由银行先行支付房款给房地产开发商，之后家庭按月向银行分期支付本息的付款方式 | ①额度高：向开发商支付完首付款后，余下房款都可以申请商业贷款。除了首套房，二套房、非普通住宅以及非住宅，都可以使用商业贷款。<br>②贷款利率高：贷款基准利率为 4.9 %（2020 年 1 月 1 日），而且目前全国首套房贷款平均利率持续上涨，所以贷款的总利息比较高 |
| 组合贷款 | 即组合申请公积金和商业两种贷款，因为住房公积金管理中心发放的公积金贷款通常有额度限制，如果购房款超过限额，不足部分要向银行申请住房商业性贷款 | ①利率适中：即公积金贷款部分采用公积金贷款利息，商业贷款部分采用商业贷款利息，组合利率不会特别高。<br>②贷款金额较大：公积金和商业贷款的组合形式，可以贷出的金额也比较大，因此使用的家庭最多 |

从上表中可以看出，住房公积金贷款的利率明显低于商业银行贷款，使用住房公积金能使家庭购房更省钱。

◆ 还款方式

如果新婚家庭选择了贷款买房，那么就还需要选择贷款的还款方式，还款方式主要有 4 种，具体介绍如下。

**等额本息还款。**等额本息还款方式就是按揭贷款的本金总额与本息总额相加，然后平均分摊到每个月中，是目前银行办理的最多的还款方式。家庭作为还款人，每个月给银行偿还固定金额，但还款额中的本金比重逐月递增、利息比重逐月递减。以等额本息还款方式还房款，家庭每月承担相同的款项也方便安排收支，比较适合收入稳定的家庭。

**等额本金还款。**等额本金还款方式也是比较常见的房贷偿还方法，家庭还贷负担随还贷年限增加逐渐减轻。该还款方式将本金分摊到每个月内，同时付清上一还款日至本次还款日之间的利息，相对同样期限的等额本息还款方式，总的利息支出要低一些。

**等额递增（减）。**等额递增（减）还款方式是指家庭在办理住房商业贷款业务时，与银行商定还款递增（减）的间隔期和额度。简单而言，就是把还款年限进行了细化分割。在初始时期，按固定额度还款，然后每月根据间隔期和相应递增（减）额度进行还款，而间隔期最少为 1 个月。例如贷款 50 万元，期限 10 年，若选择等额递增还款，可以把 10 年时间分成 5 个阶段，第一个两年可能每个月只要还 3 500 多元，第二个两年每月还款额增加到 4 500 多元，第三个两年每月还款额增加到 5 500 多元，依此类推。等额递增还款适合目前还款能力较弱，但是未来会逐步增加收入的家庭；若预计到未来收入不稳定或当前经济宽裕，则可以选择等额递减还款方式。

**按期付息还本。**按期付息还本是指家庭通过与银行协商，为贷款本金和利息归还制定不同还款时间单位，即自行决定按月度、季度或年度等时间间隔还款。简单理解，就是家庭按照不同的财务状况，把每个月要偿还的房贷凑成几个月一起偿还。通常情况下，每次本金还款不低于 1 万元，两次还款间隔时间不超过 12 个月，利息可以按月度或季度归还。

**理财贴示** *按周还本付息*

按周还本付息是指以周或周的整数倍作为还本付息的周期进行还款，周期最短为 1 周，最长不超过 3 周 ( 含 )，是以等额本息或等额本金还款法为基础的一种还款方式。相比于普通的等额本息还款，按周还本付息的还款频率提高，还款周期缩短，这使得还款总额减少，也就可以为家庭节省不少利息。

### 2.2.3 新房装修的省钱法

新房装修对每个家庭而言，是一项既费钱又费力的工作。装修是个无底洞，对于工薪家庭来说，省钱就相当于赚钱，只有学会省钱方法，才能有效地控制装修成本。

#### 1. 家装的方式与流程

房屋购买好以后，摆在家庭面前的首要问题就是装修。对于大多数家庭而言，都可能是第一次接触房屋装修。那么，在为房屋进行装修之前，需要了解一些准备工作，即了解装修的方法和流程，做到有备无患。

◆ 家装前的准备

装修是个复杂、烦琐的过程，没有做好充足的准备工作就开工，容易遇到很多不顺心的事情。在房屋装修之前，可以进行如图 2-2 所示的几点准备工作。

对房屋的结构、面积以及布局有个大致了解

为房屋的装修费用做预算，通常为房屋购买价格的 15% 左右

规划装修材料预算和费用分配情况，通常卫生间与厨房为 45%、客厅为 35% 以及卧室为 20%

仔细对市场进行考察，详细了解装修公司、装修材料等内容

图 2-2　家装前的准备工作

◆ 家装的方式

装修是件关系未来生活舒适度的大事，很多家庭会选择和对比市面上适合自己的装修方式。其中，家装的常规装修方式有四种，分别是清包、半包、全包和整装，如表 2-3 所示。

表 2-3　家装的四种方式

| 方式 | 解　　释 | 优　　点 | 缺　　点 |
|---|---|---|---|
| 清包 | 是指装修公司只管出工人装修，家庭自行购买所有材料。适合有时间与精力、懂行情、有主见且规划能力强的家庭 | 自由度和控制力较大，以自己的意愿选材，在材料的价格、样式等方面可自行把控 | 很多家庭成员不了解家装市场，容易吃亏。逛市场、了解行情以及选材等需要大量的时间，如果材料供应不及时，工期会相应拉长 |
| 半包 | 是指装修公司负责辅料、设计和装修，家庭自行购买材料，如地板、地砖、墙砖、卫生洁具、橱柜、灯、油漆以及涂料等。适合懂装修、建材且有时间精力的家庭 | 价值较高的主料由家庭采购，可以控制费用的“大头”，搞不清楚种类繁杂、价值较低的辅料，由装修公司采购比较省时省力省心 | 市场上环保的辅材价格偏高，所以很多不正规的装修公司会趁机抬高价格，或者真假参半，加大利润 |

续表

| 方式 | 解释 | 优点 | 缺点 |
| --- | --- | --- | --- |
| 全包 | 所有材料的采购和施工都由装修公司负责，对于家庭来说这是最省心的装修方式，对装修公司来说，这也是利润最大的装修方式。当然，家庭需要自行负责软装部分，软装是指不需要安装就可以使用的东西，如沙发、桌子、床以及窗帘等。适合有时间精力，且懂品味的家庭 | 装修公司很清楚各类材料，所以对家庭而言会很省心省力，而且质量和保障程度相对较高，不仅后期有维护，工期也会得到加快 | 由于材料的价格与种类繁杂，家庭成员了解甚少，如果装修公司没有选择好，就有可能出现以劣充优、抬高价格等现象 |
| 整装 | 装修公司将品牌材料与基础装修进行组合，统一打包给业主，即硬装与软装由装修公司完成，家庭成员基本可以拎包入住。适合基本不愿意操心的家庭 | 装修中所有品牌主材料全部从各大厂家、总经销商或办事处直接采购，由于采购量大，拿到的价格都是底价。核算成本时，直接按底价核算，把实惠让给业主 | 多数整装报价都只含有最基本的工艺，而部分必备工序都得单独加钱，如拆墙、打洞、加隔墙以及做防水等，后期施工会加大装修成本 |

◆ 家装的流程

在装修的过程中，为了避免被装修公司忽悠，同时为了更好地省钱，家庭成员必须清楚房屋的装修流程。

**知识准备。**装修前，家庭成员可以上网或看报刊杂志，学习房屋装修基本知识，并获取装修灵感。有时间去逛逛样板房，获得装修的直观感受，并考察装修公司的水平。另外，还需要去市场中了解装修建材与家具的行情，做好装修笔记。

**制作预算。**由于装修的档次、项目和时间不同，使得装修预算存在差异。例如针对100平方米的房子，10万元装出小康型，18万元装出舒适型，

25万元装出雅致型，30万元装出豪华型。另外，制作预算时需要留出部分余地，装修过程中可能会出现变动，导致预算超支。

**选择装修公司。**选择好的装修公司很重要，不仅要检查装修公司的营业执照、办公地点以及合格的票据等，还要去查看施工现场并了解报价方式。

**制作设计方案。**装修公司收到业主的平面图后，设计师将亲自到现场度量，初步选出材料样品给业主，然后制作工程图和报价单。

**签订装修合同。**按照约定好的时间，前往装修公司查看工程图与报价单。如果找了多家装修公司做设计，即可在比较与衡量后确定最终方案，并签订合同。

**审核设计方案与预算。**关注装修公司最终提供的设计方案，看看每个部位的尺寸、做法、用料以及价格等是否表述清楚。另外，图纸中所绘制的每项内容都要实施，也需要在预算书中体现出来，装修材料根据工程损耗通常会多出5%～10%。

**签订合同。**一份完整的家装合同，需要包括工程预算、设计图纸、施工项目的施工工艺、施工计划以及材料采购单等。

**进场施工。**进场施工前，需要在物业处办理物业手续，并在装修协议上签字。然后提供装修图纸，水、电路改造和拆改非承重墙项目，需要办理“施工许可证”。

**进场对工程交底。**由业主、设计师与施工负责人参与，在现场设计师向施工负责人详细介绍预算项目、图纸与特殊工艺，然后办理相关手续。

**隐蔽工程施工与验收。**签订合同前，设计师会按照水电改造图纸，设计出电话线改造、电源插座改造、开关面板改造、水路改造、有线电视线路改造与网线改造等改造计划。隐蔽工程的质量问题容易留下很多隐患，一旦出现问题补救很麻烦。因此，隐蔽工程施工完成后，要特别注意验收过程。

**选购主料。**施工人员进场后，部分主料还是需要业主自行购买，此时就要用心选材料。

**木工施工。**如果家具由装修公司打造，需要查看是否为木工板，木工板表面是否平整，有无翘曲、变形、起泡以及凹陷等。

**瓷砖进场。**水电改造将要结束时是瓷砖送货的最好时间，过早送到会使装修现场堆砌过多东西，显得杂乱无章、难以管理。

**泥工施工。**地面基层必须处理合格，切忌出现浮土、浮灰等情况，木地板要铺平整。墙面砖也要铺贴平整，然后用两米靠尺验收。

**洁具进场。**家装准备阶段时，可以对卫浴洁具进行购买，但需要提前计算好尺寸。为了避免无法安装情况出现，还要考虑净尺寸的墙面贴砖厚度。

**门窗进场。**如果选购成品门则应尽早定好，以免送货周期长，影响工期。

**施工中期验收。**在隐蔽工程完工后可以进行中期验收，由业主、设计师与施工负责人参与，验收合格后在“质量报告书”上签字确认。

**安装工程。**包括木门、木地板、橱柜、门锁、门吸、卫生洁具、五金配件、烟机灶具、热水器等安装。

**自行检查。**装修完工后，先对装修情况自行检查。

**竣工总验收。**对已经装修完的房屋进行清理打扫，按照合同要求进行验收。例如，对燃气灶、热水器等进行点火实验，测试其性能。如果需要整改，再进行协调。另外，对空房间进行空气检测，包括甲醛、氨气、有机挥发性气体以及放射性氡等。

### 2. 选择材料省钱法

在房屋的装修过程中，省钱的地方有很多，例如合理选用材料就可以省下不少钱，具体介绍如下：

- 房屋装修时，需要挑选质量靠得住的品牌，但不用过度注重品牌效应，因为知名品牌的产品售价较高，折扣又较少。对于工薪家庭而言，可以考虑有知名度的二线产品或质量好的不知名品牌，只要能挑出实用性和性价比较高的材料就行。
- 大品牌具有质量保障，是许多家庭的首选，只要提前做好功课，就能在建材品牌的特价活动中淘到好的材料，省下不少钱。
- 购买装修材料时，一定要货比三家，即便是同样的品牌，在不同的时间或商家，都可能出现不一样的价格。因此，家庭成员首先要对产品有一定的了解，然后比对同品牌的价格或不同品牌的性能，找到最合适的产品。
- 在消费市场中，大部分的产品销售都分为旺季与淡季。通常情况下春、秋两季为房租装修的旺季，如果选择淡季购买材料，不仅容易遇到淡季促销活动，也更容易与商家谈价。
- 在挑选材料时，需要仔细判断材料的质量，最好让有经验的家人或朋友陪同参考，不要盲目听信商家的推荐，避免掉入营销陷阱。

### 3. 装修不可省之处

对于很多工薪家庭来说，家装有些地方能省就省，因为花钱的地方很多。但有些地方需要花钱时，千万不能省。否则可能前期省了钱，后期却会花费更多钱来维修，更别说给健康带来的损失，得不偿失。

**水电材料。**水电工程是装修过程中最重要的环节之一，而且是隐蔽工程。如果水电材料质量较差，一旦后期出现问题，轻则敲掉重新做，重则危及人身安全。因此，在进行水电工程施工时要注意电线、水管、辅料以及插座等，在可承受范围内都要选择质量好的，这样不仅可以确保水、电路使用寿命更长，安全性也会高很多。

**地面材料。**地面的使用率要比墙面高很多，所以选择地面材料时，要确保质量。特别是客厅地面，因为客厅使用最频繁，所以要选择耐磨性能好、易清洁，具有不错美观装饰性的材料。

**涂料。**涂料直接关系到室内的污染问题，一定要购买正规品牌涂料，以确保安全。另外，装修中使用的万能胶、玻璃胶、水泥、乳胶漆以及人造板材等辅材，都必须用心选择，很多劣质辅材中含有大量有害物质，会给装修与入住带来很严重的危害。

**开关插座。**家用电器产品越来越多，装修时必然需要安装多个开关插座。不过，开关插座涉及电路安全问题，所以千万不要因为省钱而购买质量不好的开关插座产品。特别是在卫浴间和厨房等用水频繁的区域，开关插座不仅要质量好，还要具备防水、防漏电的性能。

**卫浴马桶。**卫浴间里有很多卫浴产品，尤其是马桶，它的使用频率非常高，所以要挑选质量好、冲力大、噪声小以及气味小的马桶。质量差的马桶常常出现下水不利、冲水声音大以及浪费水等问题，而且使用寿命也较短，相对来说就不划算。

**门窗材料。**门窗材料能够保障房屋内的私密性与安全性，所以要注意材质的部分性能。其中，防盗门要具有较好的防盗性能，窗户要能防风防雨、耐暴晒，同时隔音性能也要好。

**油烟机。**油烟机是家庭装修的必备产品，如果厨房没有一款好的油烟机，每次厨房都会弥漫油烟。因此，不能为了省钱，购买性能普通的油烟机产品，这对未来的生活质量影响较大，如出现噪声大以及清洁困难等问题。

**热水器。**不管是哪种性能的热水器，都要求能够随时随地提供热水，尤其冬季更是必不可少。质量差的热水器，有可能出现触电、漏气或者水温低等问题，轻则影响使用心情，重则危及人身安全。

由此可知，不可省钱的都是内在的、实用的、不可替代的以及更替性不强的地方，也是最能体现家装品质的地方。

### 2.2.4 购买家电家具省钱法

对于工薪家庭而言，省钱是一个永恒的话题，但并不是每个家庭都能在各种消费中省钱。相比普通装修建材，家具家电的选择难度更大，许多家庭认为家具家电的标签上都明码写着价格，根本不可能省下钱来。其实，只要掌握相应的家具家电省钱法，省钱并没有那么难。

◆ 寻找促销活动

像家具家电的大型零售卖场，时常会做一些力度较大的促销活动，而配送赠品也是最为常用的促销方式。例如，购买某些大家电时，赠送电磁炉、电饭锅等，这样就能省下购买小家电的钱。另外，对于房屋装修这种大宗购买家具家电的情况，很多商家还会在原有“折现”的基础上给予价格折扣，只要不怕辛苦，多跑几家进行对比，总会省到钱的。

◆ 抓住销售淡季

任何行业的成长与发展，都是有周期性的，呈波浪形上升，存在不可避免的低谷与势头强劲的高峰，这种周期性在家具家电这样的大型零售卖场表现得特别明显。例如，家电中的冰箱、空调等，在冬天就会进入销售淡季。此时，为了提高销售业绩，商家只好采取一些让利措施，而家庭成员踩着这样的时间点去购买家具家电，就能享受到较大的优惠。

其实，如果能“踩”到重大节假日或卖场周年店庆等特殊日子，也能省下不少钱。当然，若赶上商家在季末或者年末清理库存，甚至能抢购到成本价或远远低于成本价的产品。

◆ 购物要精打细算

生活需要有所盘算，这样不仅可以比较如何消费更便宜，还可以避免掉入消费陷阱，从而做到实实在在地省钱。对于工薪家庭而言，在选购家电时往往喜欢先从价格入手，然后才去考虑其他因素，如能耗、功率等。其实，这种做法并不完全正确，与其买着省，不如直接买个低能耗的更经济。

例如，家庭成员想要购买一台冰箱，价格比其他的同类产品便宜200元左右，但却忽略了这台冰箱的功率大、效率低等细节问题，导致每年的电费至少多花400元左右。因此，在购买冰箱、空调以及电热水器等家电时，一定要先考虑其能耗、功率等因素，然后再考虑具体的价格问题。

◆ 尝试网上购物

对于喜欢上网的年轻人而言，网上选购家具家电是一个非常好的选择。目前，有很多专业综合网上购物商城，如淘宝网、京东商城、苏宁易购以及国美在线等，商城中不仅有剃须刀、耳机、台灯、电吹风、电热毯、风扇、书柜、电脑桌以及写字台等小型家具家电产品，还有洗衣机、冰箱、电视、家庭影院、衣柜、沙发以及床等大型家具家电产品，可谓是从小到大应有尽有。

与实体店比较，网络商城不需要缴纳租赁费以及其他店铺费用，大大地节省了开支，所以销售的产品也相对便宜很多。不过，网上购物也存在一定的风险，特别是购买昂贵大件家具家电产品时要格外注意。

**理财贴示** *选择性地“入会”*

目前，很多家具家电商家都推行了会员制度，会员在消费过程中可以享受到相应优惠。因此，家庭成员可以根据消费的实际情况，选择加入商家会员。

# 2.3 有孩家庭的省钱妙招

**如今，对于大部分家庭来说，生小孩和养小孩的费用都是一笔不小的开支。其实，有孩家庭在很多地方也可以做到省钱，很多女性在婚后会掌握家里的财政大权，然后对钱进行统筹安排，使家庭的日子越过越好。**

## 2.3.1 省而不抠地为家人置衣物

在家庭生活中，换季衣物、鞋子等物品是必不可少的购置项目，只要找到正确的购置方法，购买衣物时也能省钱。

### 1. 购买打折品

对于不是特别追求潮流的家庭，可以在换季时购买服装，通常在季末时的服装折扣都很高，肯定比新款上市时要便宜。另外，还可以在春季时买冬装，在冬季时买秋装，甚至在夏季时也买冬装。

很多品牌常常会将去年或前年当季的服装进行折扣销售，部分服装的款式并不过时，价格却只是当季新款的1/2左右，选择这种衣服能省下不少钱。另外，节假日、商场活动以及新款上市等时间，都是购买打折服装的好时机，选择多件购买还能享受“折上折”优惠。

### 2. 选对购买地

为家庭成员购置服装时，可以根据家庭条件与衣物情况选择购买地。例如，购置日常衣物时可以选择网上购买，购置运动服装可以去一些品牌折扣店等。

如果家庭成员砍价比较厉害，可以选择路边独立的服装店，通过砍价买到价格便宜且款式精致的服装。另外，服装批发市场也是购置服装的好去处，如成都荷花池、重庆朝天门等批发市场，散客也能拿到比服装店优惠的产品。

#### 3. 选择百搭衣

服装不在于多，也不在于贵，而在于搭配出来好看。因此在选择服装时，一定要知道家庭成员的身材适合什么样的衣服，衣物好不好看取决于搭配。衬衣、西装、手提包以及皮鞋等工作必备品，可以选择打折的品牌产品，最经典的款式通常是多年都不会过时，如果是有档次的耐用品，好好保养能多用上几年。

购买衣服、裤子时，可以选择黑白、棕色或者灰色等中规中矩的颜色，在经久耐磨的基础上作为百搭衣来使用，然后搭配便宜时尚的短袖、围巾或帽子等衣物，以及有特色的腰带、胸针以及项链等配饰，不仅能增加整体美观度，还能产生百搭与百变的效果。

**理财贴示** *货比三家*

在购物的时候，除了要学会使用网购、打折等方法省钱，还要学会货比三家，只有做到这些，才能让有限的资金发挥出最大的价值。

### 2.3.2 营养不浪费的饮食安排

买菜煮饭是日常生活中很重要的一项内容，随着食用油、蔬菜、肉等粮油副食品价格的节节攀高，只有寻找安排饮食的最佳方法，才能应对轮番猛涨的物价。

1. 省钱地买食材

买菜，几乎是每个做饭家庭必备的工作，长时间下来也是一笔不小的支出。因此，家庭成员需要掌握购买食材的省钱小秘诀，具体介绍如下。

**选择最便宜的菜市场。**不同的菜市场，产品的价格也不相同。选择住宅附近最廉价的菜市场，每次买菜时都能省下几元钱，一年就能省下几百元甚至上千元。另外，超市每天会在固定时间推出一些特价蔬菜，家庭成员也可以适当在超市买菜。

**在合适的时间买菜。**通常情况下，7:00 ~ 9:00 是买菜高峰期，此时的蔬菜最新鲜，价格也最高，比较适合买来中午吃。在晚上市场快关门时去买菜，价格相对要便宜很多，比较适合购买土豆、南瓜以及白菜等易于存放的蔬菜。

**固定菜摊买菜更便宜。**选择价格很公道的菜摊，多次在该菜摊买菜，然后就会被店主认定为“熟客”，“熟客”容易获得店主的人情价，偶尔还能找店主要一些免费的葱姜蒜等。

**适当囤菜可省钱。**在长假日或出现恶劣天气之前，可以主动囤积一些蔬菜与水果，因为菜价可能会受到影响，主动囤积可为家庭省钱。

2. 省钱地吃食物

如今，很多家庭的生活水平得到提高，做菜时就喜欢摆上一大桌丰盛的食物，饭后又会将吃剩的食物倒掉，这是非常浪费的做法。其实，只要采取定时定量的做菜方法，确保当天做的菜能当天吃完，不铺张浪费，就能在无形中节省不少饮食费。

在公司上班的家庭成员，每天可以带饭去吃，避免每次都要外出就餐，这样不仅更加安全卫生，还能节约不少费用。另外，组织亲朋好友聚餐时，也可以主动邀请他们来家里吃，从而达到省钱的目的。

**理财贴示** *主动关注各类活动*

主动留意超市的促销活动和特价优惠，有些促销活动或特价优惠可以帮助自己在食物上省很多钱。

## 2.3.3 精打细算固定开支

固定开支是家庭在一定时期内数目基本不变且不可省略的费用，最常见的有水、电与燃气费用等，长时间积累后也是一笔不小的款项。如果掌握固定开支的节省方法，也能为家庭减少开支。

1. 省水费的办法

水可以保持人体最基本的生命力，我们可以几天不吃食物，但是却不可以几天不喝水。在家庭的日常生活中，随便拧一拧水龙头，自来水就会流出来，这就导致很多人养成了浪费水的坏习惯。其实，家庭用水的学问可不小，正确用水能为家庭节省很大一笔开销。

- 洗衣服之后的水可以用来冲马桶，或者用来洗抹布、拖把等。
- 可以利用淘米水、煮面条或饺子的水来洗碗筷，这样做不仅省水，除油的效果也特别好。
- 夏天将洗完衣服的水晒在地上，可以给家里降温。
- 可以用淘米水和茶水来浇花草，不仅省水，还能为植物增加养分。
- 沐浴选用花洒式喷头，既能扩大淋浴面积，又控制了水流量，达到节水的目的。
- 每天早晚刷牙时，如果选择用口杯接水，长期坚持每月节水量可达几百升。

### 2. 省电费的办法

对家庭而言，每月最头疼的就是电费催缴单上居高不下的数字，虽然电费是必不可少的花销，但是有些地方也可以省下来，具体如下：

- ◆ 出门或睡觉前把各种电源的开关、插排都拔下来（冰箱除外），因为插着电源的插排也在消耗电能。
- ◆ 夏季用电热水器烧水时，将烧水的温度调低一些，因为电热水器里面的水很温热，稍微加热就能使用。
- ◆ 夏季家里的空调温度不要调的太低，通常设定在26度左右，这样不仅省电，室内温度也不至于过低从而伤害身体。
- ◆ 照明用节能灯，11W节能灯相当于60W白炽灯亮度，比普通灯泡要省一半以上的电。
- ◆ 冰箱中食物不要放得太满，少开冰箱门并且关门应及时，还要及时除霜，这样可有效防止冰箱电量损耗。
- ◆ 电视机音量大、色彩艳，功耗高，适当调节可省电。

### 3. 省燃气费的办法

除了电费、水费，燃气费也是家庭中很重要的一笔开支。虽说需要燃气的地方不多，如果不注意节省，累积下来，一个月也要交不少燃气费，其实燃气也有节省方法，具体介绍如下。

- ◆ 使用燃气灶前，将锅底或壶底擦拭干净，不要让底部沾水或者其他东西，造成热量的浪费，从而消耗更多的燃气。
- ◆ 做饭时尽量多焖少蒸，因为蒸饭比焖饭时间长，更费燃气。
- ◆ 阳光充足的地区，可以安装太阳能热水器，避免使用燃气。
- ◆ 烧开水时，小火比大火省气。
- ◆ 煮东西用小锅也能省气。
- ◆ 用高压锅炖肉更省气。

### 2.3.4 宝宝用品节省招数

家庭有了孩子后，家庭的支出就会剧增，一般来说，孩子越小，需要的支出就越多，如奶粉、纸尿裤以及婴儿车等支出。想要买便宜的物品，又担心质量太差，影响宝宝健康；购买质量好的产品，价格太高，孩子身上的花费太大，家庭承担不了这种压力。此时，可以通过以下方法来省钱，既能买到质量好的物品，家庭也能承担。

**听讲座拿赠品。**很多妈妈会在孕期或孕后参加各种讲座，学习孕期与宝宝养育知识。这些讲座由商家、医院或母婴学校开办，通常都会有礼品包赠送，里面有宝宝用品，在学习的同时还能获得比较实用的东西。另外，讲座结束后，还有能以优惠价购买产品，比单独在店里购买要便宜很多，也比网上购买放心。不过，妈妈们千万不能盲目跟风购买，一定要先确认自己的需求与产品的质量。

**网上获取礼品。**妈妈们可以在母婴网站中参加活动，赢得宝宝用品，通常有小水壶、小书包以及儿童餐具等。与其花钱购买，不如动动手指参加活动，很多活动的礼品都比较丰富与实用。

**组团购买。**虽然网上购物比较便宜，但品质差别较大。如果妈妈们想给宝宝最好的用品，可以先找准一家口碑、信誉非常好的商家，然后通过综合考察与商家协商团购，组织身边的其他妈妈一起购买。

**搜罗二手用品。**婴儿床、婴儿车、小孩衣物以及床垫等用品，基本每家的宝宝都会用到，妈妈们可以在闲聊中询问亲友家是否有闲置的，因为宝宝用品都是阶段性的，使用时间较短，基本处于八九成新。另外，亲友都是知根知底，能清楚知道对方宝宝是否健康。

**切忌囤积同类用品。**宝宝的成长速度特别快，为了避免浪费和影响宝宝成长，妈妈们要避免大批量的购买同型号的用品，如尿不湿、衣物等。按照宝宝生长发育的情况，去选购用品才能省钱，大批量的购买不仅不能省钱，还变相浪费。

# 2.4 生活中细水长流的省钱妙招

**许多家庭常把省钱挂在嘴边，但做起来又谈何容易，省钱的好处每个家庭都清楚，但并非所有家庭成员都能做到勤俭节约。做到节约已经非常不容易了，而要做到正确省钱则更为困难。明智的家庭需深谙开源节流之道，树立可以操作的目标，严格控制家庭花销，掌握细水长流的省钱秘诀。**

## 2.4.1 手机话费优惠充值

如今，家庭中几乎所有成员都拥有个人手机，话费消耗是很大一部分支出。因此，家庭成员需要了解如何充值才能从话费中得到优惠，方法主要有以下几种方法。

1. 关注缴费 App

通过支付宝、微信以及京东等手机 App 充值话费，每次会便宜一些，但优惠力度非常有限，图 2-3 所示为支付宝充值页面。偶尔遇到 App 开展的充值活动，充值 100 元可以优惠 5 元。另外，美团 App 充值话费也有优惠，如绑定招商银行或建设银行的新卡，可以享受 5 ~ 10 元的随机立减，而且该立减优惠没有充值门槛限制，充值 10 元都能享受。

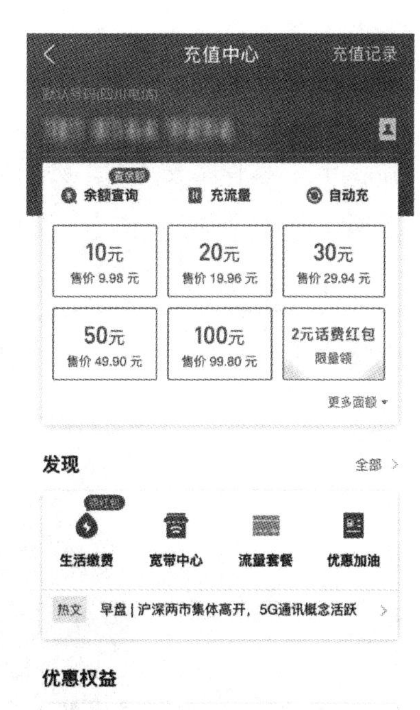


图 2-3 支付宝充值页面

### 2. 淘宝薅羊毛，赚话费

在一些淘宝 App 应用上还提供了薅羊毛赚话费的游戏，该游戏有两种玩法，一种是基本玩法，另一种是进阶玩法。

①基本玩法。基本玩法有四步，其具体玩法是：完成任务搜集饲料→投喂饲料让小羊长羊毛→薅羊毛获得充值金→立即充值抵扣话费。

②进阶玩法。每只羊会经历幼年羊→中年羊→壮年羊的过程，越高阶的小羊，奖励越丰厚。当小羊年老退休后，又重新领养新羊投喂。

要玩薅羊毛赚话费的游戏，直接进入淘宝 App，点击“我的淘宝”按钮，在进入的页面中点击“充值中心”栏中的小羊，如图 2-4（左）所示。

进入游戏界面后点击“领饲料”按钮，如图 2-4（中）所示，在弹出的任务列表中做任务可以领取对应的饲料；领取足够的任务后点击“喂饲料”按钮即可为小羊投喂饲料。

待小羊的羊毛长长以后，会出现一把剪刀，直接点击剪刀即可剪掉小羊的羊毛，得到对应的充值金，如图 2-4（右）所示。

当充值金达到 1 元、2 元、5 元、10 元、20 元和 50 元后，都可以兑换成等面额的话费券，在充值话费时进行抵扣。

图 2-4　薅羊毛赚话费游戏玩法

## 2.4.2　出行打车优惠

交通费也是家庭支出中的重要部分，为了节约开支，家庭成员可以多选择公共汽车、地铁等交通工具，少打车、少开车，就能轻松省下不少交通开支。不过，很多时候为了出行更加方便，不可避免地要打车。现在打车软件越来越多，也慢慢被消费者接受，用打车软件打车出行逐渐成为家庭成员出行的主要方式，如滴滴出行、神州租车以及易到用车等，但是打车出行如何才能更省钱呢？

◆ 打车优惠券

很多打车软件会时不时推出出行优惠券，但优惠券使用时存在一些限制，如付款额度限制、使用时间限制等，如图 2-5 所示。

◆ 打车折扣券

部分打车软件还会推出折扣券，如打车 7 折、打车 9 折等实实在在的折扣。例如家庭成员的打车车费为 20 元，用 8 折打车券后，只需要支付 16 元即可，如图 2-6 所示。

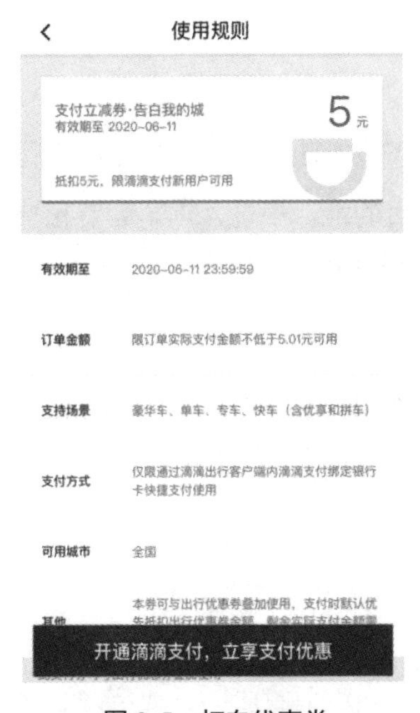


图 2-5 打车优惠券

图 2-6 打车折扣券

◆ 邀请新客户送优惠券

另外，打车软件为了吸引更多用户注册，推出了邀请新客户赠送 30 ~ 60 元的打车优惠券的活动。通常情况下，该优惠券没有额度限制，家庭成员可以将其用在“刀刃”处。例如，本次出行的费用在 20 元左右，家庭成员使用 30 元优惠券就不太划算。

◆ 提前规划出行路线

家庭成员在出发前先规划好出行路线，确保选择的路线距离最短且不拥堵，这样可以用最少的费用打车。另外，提前确认目的地，避免司机走弯路或刻意绕路，也能节省打车费用。

◆ 避开打车高峰期

高峰期打车的人较多，不仅打车困难，打车软件还会出现溢价（即提高打车价格，或需要支付奖励金额才能吸引司机接单），如果出行不是特别着急，可以避开高峰期打车或者选择其他交通方式，减少不必要的费用。

◆ 拼车更省钱

目前，拼车是一种比较时尚好用的省钱方法，可以让同路段出行的乘客分担车费，支出更少的费用就能到达目的地。不过，拼车需要花费更多的时间，因为司机要将所有乘客送达到目的地。

◆ 充值返利活动

很多打车软件都有赠送充值金活动，同样非常实惠的，如充值 200 元赠送 100 元。

### 2.4.3 订购机票享优惠

随着经济条件的提高，许多家庭成员为了节省时间，通常会选择飞机作为出行工具，想要购买到最实惠的机票，可以搜寻特价机票。

近年来，廉价航空悄然兴起，由于取消了行李免费托运、飞机餐以及贵宾室等服务，机票的价格往往很有吸引力。不过，许多大的航空公司为了稳住客源，也会不定期放出各种特价机票，与廉价航空公司争取市场。那么，哪些情况下可以买到特价机票，从而实现省钱的目的呢？

◆ 越早购票折扣越低

只要航班表确定，即便是离出发时间还很久，也可以提前购票。许多航空公司都有早买票的优惠，如果可以提前购票，不妨把握住低价购票的机会。

通常情况下，提前购票有5个档次，分别是提前15、30、45、60和90天，“提前30天”买票可享受的折扣通常要比“提前15天”低，且优惠力度大。在航班起飞前10天内，一般没有超低折扣机票销售。

◆ 最后一刻买促销票

航空公司也担心飞机起飞后，空余的机位太多，造成飞行损失。因此，在飞机出发前，滞销的航班会进行低价促销，甚至拿出成本价来提高载客率。家庭成员想要购买到这类优惠机票，就需要时刻关注航空公司发布的资讯，当价格合适时就立马出手购买，享受优惠。

◆ 特殊身份买特殊票

航空公司除了有对儿童、老人等因为年龄而提供的优惠外，有特殊身份的旅客也可能获得购票优惠。例如，要去外地上学的学生，可以考虑购买学生票，因为使用学生证购买可以打折。另外，大部分特殊票种需要通过特别的社团或旅行社接洽，在购票和登记时需要出示相关证明文件。

◆ 短期旅行买往返票

只有家庭成员在使用完整张机票后，航空公司收到的购票款才能真正入账。因此，航空公司常常对可以早日回款、使用期限短的机票执行特价，如短期的5日、7日或14日的往返票。因此，如果家庭成员的出行时间为6天，则可以缩短或增加1天，订好往返机票，既方便又省钱。

◆ 选择淡季错峰出行

每年的寒暑假、国庆节以及春节等都是出游旺季，机票特别抢手，特价票自然很少。如果家庭成员可以避开这些出行旺季，就能比较容易的买到便宜机票。

通常情况下，周一、周二或黄金周前后的时间都是出行淡季，机票会有相对较低的折扣，每天早晚航班也有超值优惠。另外，就算是寒暑假或各类节假日，也存在热门与冷门日期。

例如，春节期间出行，除夕当晚的机票就比大年初一的机票便宜很多，另外多请两天假，在假期后一天或两天买回程的机票，也要便宜很多，省下来的钱足以弥补请假的损失。

◆ 多人同行组团购票

此类优惠活动不是很常见，不过部分航空公司为了配合营销活动，会推出多人同行的特惠机票，很适合亲朋好友组团出行。不过，该类机票通常具有很严格的退改签规则，必须要确保每个人都能全程同行才可以购买。另外，人数在 10 人以上的出行，可以联系旅行社或航空公司报价，容易购买到更优惠的团体票。

◆ 行程组合更省钱

购买机票可以参与部分旅游产品的优惠活动，如航空公司会与一些旅行社、酒店进行合作，销售机票的同时会销售酒店、景点门票等，既能省去旅客的行程困扰，也能增加彼此的绩效。

◆ 转机比直达便宜

对于时间充裕的家庭成员，可以考虑购买转机机票，这样比直达机票更便宜，属于联程票。例如，家庭成员准备从北京飞到拉萨，可以选择北京至成都，通过成都转机到拉萨，其价格会比直达便宜很多。

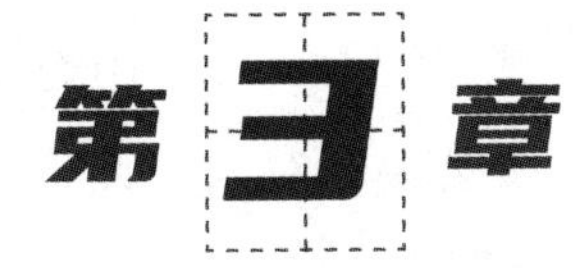


# 传统储蓄，预留家庭保障金

很多家庭都无法预测将来的风险，所以凡事都应该做好充足的准备，提前预留家庭保障金。而合理的储蓄，可使家庭在遭遇紧急情况时有足够的保障金使用，同时还能获得相应的收益，提高家庭的生活水平。

3.1

# 储蓄的类型与计算方法

**理财并不是在拥有了很多财富后才做的事，它是一个根据当前收入情况进行规划、累积的过程。日常生活中难免会遇到一些意外支出，如果没有一定的储蓄作为支撑，很容易使家庭陷入困境。简单而言，储蓄就是存钱，但是理财领域的储蓄又并不仅仅是存钱那么简单。**

## 3.1.1 储蓄有哪些形式

储蓄是城乡居民将结余或暂时不需要使用的货币收入存入银行或其他金融机构的一种存款活动，又称储蓄存款。其中，储蓄主要有定期储蓄、活期储蓄和定活两便储蓄三种形式，具体介绍如下：

### 1. 活期储蓄

活期储蓄是不规定存款期限，随时可以存取的储蓄。按我国现行制度规定：活期储蓄以1元为起存点，存取金额不限，客户可灵活地随时存取款。由于活期储蓄具有灵活、方便、户多、面广、金额零星、收付频繁以及资金流动性大等特点，适合用于存储家庭生活费以及临时周转资金。其中，按存取方式又分为活期存折、活期支票等。

**活期存折。**1元起存，由储蓄机构发放存折，凭存折存取，开户后可以随时存取的一种储蓄方式。

**活期支票。**以个人信用为保证的活期储蓄，储户通过活期支票可以在储蓄机构开立的支票账户中支取一定的款项，通常 5 000 元起存，是一种传统的活期储蓄方式。

### 2. 定期储蓄

定期存款是银行与存款人双方在存款时，事先约定期限、利率，存入期满后才能提取本息的储蓄形式。定期存款利率视期限长短而定，存期越长利率越高。与活期存储相比，定期储蓄利息较高，适合用于存入家庭部分闲置资金。

其中，定期存款主要包括整存整取、零存整取、整存零取与存本取息四种，具体介绍如表 3-1 所示。

表 3-1　定期储蓄的类型

| 类　型 | 内　容 | 备　注 |
| --- | --- | --- |
| 整存整取 | 整存整取储蓄是一种约定存期，整笔存入，到期一次支取本息的储蓄，通常 50 元起存。整存整取可以在到期日自动转存，也可根据客户意愿，到期办理约定转存，存期分为 3 个月、6 个月、1 年、2 年、3 年和 5 年 6 个档次 | 该储蓄只能进行一次部分提前支取，计息按存入时约定的利率计算，利随本清 |
| 零存整取 | 零存整取储蓄是开户时约定存期，分次每月固定存入金额，到期一次支取本息的一种个人存款。通常 5 元起存，每月存入一次，中途如有漏存，应在次月补齐，存期一般分 1 年、3 年和 5 年 | 计息按实存金额和实际存期计算，利率通常为同期定期存款利率的 60% |
| 整存零取 | 整存零取储蓄是在开户时约定存款期限，本金一次存入，固定期限分次支取本金的一种个人存款。1 000 元起存，存期分 1 年、3 年和 5 年，支取期分 1 个月、3 个月及半年一次，以开户日挂牌整存零取利率计算，期满时结清 | 到期未支取部分或提前支取，按支取日挂牌的活期利率计算利息。只能办理全部提前支取，不能部分提前支取 |

续表

| 类　型 | 内　容 | 备　注 |
|---|---|---|
| 存本取息 | 存本取息储蓄是一次存入本金，约定存期，存期内分次支取利息，到期支取本金的一种定期储蓄。5 000 元起存，存期分为 1 年、3 年和 5 年 | 每次支取利息数 =（本金 × 存期 × 利率）÷ 支取利息的次数，利息收入比活期储蓄高 |

3. 定活两便储蓄

定活两便储蓄是指客户在存款时不约定存期，可以随时支取，利率随存期的长短而变化的储蓄存款方式。该储蓄方式兼具定期之利、活期之便，不受存取限制，方便客户理财。具有 50 元起存、不设上限、一次存入与支取等特点。

其中，存期超过整存整取最低档次且在 1 年以内，按同档次整存整取利率 6 折计息；存期超过 1 年（含 1 年）的，按 1 年期整存整取利率 6 折计息。利率介于定期和活期之间，存期低于整存整取最低档次的，按活期利率计息。

**理财贴示** *教育储蓄*

教育储蓄是为了鼓励城乡居民以储蓄方式，为子女接受非义务教育积蓄资金，促进教育事业发展而开办的储蓄方式。其中，教育储蓄的对象为在校小学四年级（含四年级）以上学生，按照存期分为 1 年、3 年和 6 年 3 种情况，每个账户起存 50 元，本金合计最高限额为 2 万元。

### 3.1.2 计算储蓄期限

由于储蓄具有风险小、方式期限灵活多样、简单方便以及收益相对较低等特点，因而它是最普通和最常用的理财手段。储蓄是一种有期限的理财方式，那么储蓄的存期标准如何划分呢？其具体介绍如下：

◆ 算头不算尾

储蓄存款的存期是从存入日期起至支取日前一天止，即存入的当天计算，支取的当天不计算，通常称为“算头不算尾”。例如，5月10日存入5万元，6月25日支取5万元。5月10日存入的这天是“头”，表明存款存入银行已经入账，应该计息；6月25日支取这天是“尾”，表明存款已从银行的账中取出，不应计息。因此，计算此存款应从5月10日起算至6月24日止，存期应为45天。

◆ 满月按30天、满年按360天计算

储蓄存款的存期计算方法与日常计算天数的方法有所差别，因为公历有大月、小月、闰月与平月之分，所以天数也各不相同，若按公历日期计算存期，就比较麻烦。为了便于计算，规定全年按360天、整月按30天计算，即30日与31日视同一天。例如，1月31日存入5万元，存期5个月，则应该在日历中没有的6月31日到期，不过实际到期日为6月30日。

◆ 对年、对月、对日计算

储蓄存款按对年、对月与对日进行计算，即自存入日至次年同月同日为一对年，存入日至下月同日为一对月。例如，2019年6月20日存入5万元，期限3年，到期日是2022年6月20日，即对年对月对日。

◆ 节假日计算

如果定期储蓄到期日遇到节假日，金融机构不对外营业，可提前一天支取，视同到期，仍然按到期计算存期。

◆ 过期后按活期利率计算

各种定期储蓄，如果在原定存款期间内遇到利率调整，均按存单开户日所定利率计付利息，定存期过期期间按照存款支取日银行挂牌公告的活期存款利率计付利息。

### 3.1.3 储蓄利率计算方式

当家庭中有多余的资金时，就会想要进行投资理财。通常情况下，大部分家庭还是愿意把钱存在银行的，因为比较安全，还能得到一定的利息。此时，就需要了解银行存款利率的计算方式。

利率也称为利息率，指在一定日期内利息与本金的比率，由国家统一规定，人民银行挂牌公告，主要分为年利率、月利率和日利率三种，是计算存款利息的标准。其中，年利率以百分比表示，月利率以千分比表示，日利率以万分比表示。

利息是许多家庭存钱需要考虑的因素，因为不同的存期具有不同的利率，选错了就会有利息损失，表 3-2 所示为各种不同的存款方式 2020 年的利率情况。

表 3-2　2020 年银行存款利率表

| 银　　行 | 活期（年利率％） | 定期存款（年利率％） | | | | | |
|---|---|---|---|---|---|---|---|
| | | 3 个月 | 6 个月 | 1 年 | 2 年 | 3 年 | 5 年 |
| 工商银行 | 0.30 | 1.35 | 1.55 | 1.75 | 2.25 | 2.75 | 2.75 |
| 建设银行 | 0.30 | 1.35 | 1.55 | 1.75 | 2.25 | 2.75 | 2.75 |
| 交通银行 | 0.30 | 1.35 | 1.55 | 1.75 | 2.25 | 2.75 | 2.75 |
| 农业银行 | 0.30 | 1.35 | 1.55 | 1.75 | 2.25 | 2.75 | 2.75 |
| 中国银行 | 0.30 | 1.35 | 1.55 | 1.75 | 2.25 | 2.75 | 2.75 |
| 广发银行 | 0.30 | 1.40 | 1.65 | 1.95 | 2.40 | 3.10 | 3.20 |
| 光大银行 | 0.30 | 1.40 | 1.65 | 1.95 | 2.41 | 2.75 | 3.00 |

续表

| 银　行 | 活期（年利率%） | 定期存款（年利率%） | | | | | |
|---|---|---|---|---|---|---|---|
| | | 3个月 | 6个月 | 1年 | 2年 | 3年 | 5年 |
| 华夏银行 | 0.30 | 1.40 | 1.65 | 1.95 | 2.40 | 3.10 | 3.20 |
| 民生银行 | 0.30 | 1.40 | 1.65 | 1.95 | 2.45 | 3.00 | 3.00 |
| 平安银行 | 0.30 | 1.40 | 1.65 | 1.95 | 2.50 | 2.80 | 2.80 |
| 浦发银行 | 0.30 | 1.40 | 1.65 | 1.95 | 2.40 | 2.80 | 2.80 |
| 招商银行 | 0.30 | 1.35 | 1.55 | 1.75 | 2.25 | 2.75 | 2.75 |
| 中信银行 | 0.30 | 1.10 | 1.30 | 1.30 | 2.10 | 2.75 | 2.75 |

值得家庭成员注意的是，利率是动态变动的数字，上表中的数据只是2020年的利率。不同的银行存款利率会有所不同，通常商业银行存款利息会比国有银行的高一些。虽说利率不同，但计算利息的方式都是一样的，计算公式如下：

利息＝本金×利率×时间

例如，在中国银行存款5万元，如果存定期6个月，按照基准利率计算，利息=50 000×1.55%×6÷12=387.5（元）；如果存定期3年，利息=50 000×2.75%×3=4 125（元）。活期存款利息是按照存入日的对年对月对日进行计算，如果活期存款100天，利息=50 000×0.30%×100÷360=41.67（元）。

由此可知，存定期要比存活期的利息高很多，如果家庭有多余的资金，近期也没有较大的支出计划，可以考虑选择一个期限存定期。在确定需要存钱时可以先对利息进行计算，计算时需要注意如下事项。

- ◆ 储蓄存款利息计算时，本金以“元”为起息点，元以下的角、分不计息，利息的金额算至分位，分位以下四舍五入。分段计息算至厘位，合计利息后分以下四舍五入。

- ◆ 除活期年度结息可将利息转入本金生息外，其他各种储蓄存款一律于支取时利随本清，不计复息。
- ◆ 定期储蓄逾期未支取，按支取日的活期储蓄利率和相应天数计算。定期储蓄中已约定到期自动转存的，原则上以原定存期转存利息，第一期利息加入本金，转存利息按转存当日银行利率计算。
- ◆ 活期储蓄主要以支取日利率计息；定期主要以开户日利率计算，提前支取的部分按活期储蓄计算，未提前支取的部分，按照原来的利率计算。

## 3.2 家庭储蓄的必知技巧

**想要实现理财目标，就需要先把挣来的钱储蓄起来。虽然储蓄存款从长期来看，可能会面临资产贬值的风险，但日常生活中的中短期需求总是存在的，所以储蓄是一种日常生活中不可或缺的理财方式。当然，家庭储蓄也需要讲求技巧，这样才能更适宜、更安全。**

### 3.2.1 选择家庭储蓄方法

对于工薪家庭而言，储蓄是最重要和最常接触的理财方式。在进行储蓄时，如果能够科学安排、合理配置，就能获取稳定的利息收入。其中，不同的家庭情况适合不同的储蓄方式，具体介绍如表 3–3 所示。

表 3-3　不同的储蓄方式

| 项　　目 | 内　　容 | 说　　明 |
| --- | --- | --- |
| 活期储蓄 | 1元起存且随时存取的储蓄方式，比较适合有临时闲置资金的家庭，如存储生活开支 | 可以储蓄代扣代缴的水、电费等家用开支，当账户中节余大量现金时，可将其转存为定期储蓄 |
| 整存整取 | 当家庭中存在一笔闲置资金，计划在较长期限后使用，可以将其进行整存整取，以获得较高利息 | 可以将大额款项拆分为多个子项，然后分不同时间进行储蓄，避免临时需要支出现金时，出现利息损失 |
| 零存整取 | 若家庭有固定收入，可将每月的结余款项以零存整取的方式存储，从而达到控制消费、管理开支的目的 | 对于“月光”家庭而言，可以使用该方式强制性地积累资金 |
| 整存零取 | 适宜有较大的款项收入，预期在一定时期内分期陆续使用的家庭 | 虽然支取金额和次数是客户自行确定，但是必须在开户时就与银行约定支取期限和每次支取金额 |
| 存本取息 | 对于处于退休期的家庭，可存入一笔本金，然后分期支取利息，就像领取养老金一样 | 存本取息后办理“每月自动转息”业务，可以把利息转入后续计息期用来获取收益 |
| 通知存款 | 适用于拥有大额款项，在短期内不能确定取款日期的家庭 | 已通知银行会提前或逾期支取，而支取部分则按活期计息 |
| 定活两便 | 若家庭在3个月内没有大笔资金支出的计划，也不准备用于较长期投资，则可以使用该储蓄方式。账户内资金超过3个月，就能享受同档次整存整取的6折优惠利率 | 该储蓄方式的资金不宜过多，预期的长期闲置资金可以采取整存整取的储蓄方式 |
| 教育储蓄 | 6年期教育储蓄适合小学四年级以上的学生；3年期教育储蓄适合初中以上的学生；1年期教育储蓄则适合高二以上的学生 | 教育储蓄存款期限尽量选择3年期或6年期，利率相对较高 |

**理财贴示** *零存整取的好处*

零存整取的利率低于整存整取，高于活期储蓄，可使家庭获得比活期稍高的存款利息收入，使用该方式可以帮助家庭积累生活节余。

### 3.2.2 储蓄的安全技巧

从实际情况来看，几乎每个家庭都会在银行开设个人账户，大家都将储蓄当作最安全、方便的理财工具。另外，在进行家庭储蓄存款的过程中，一些技巧能帮助家庭进一步确保资金的安全，具体介绍如下：

**预留密码。**到银行办理存款手续时，尽量使用密码储蓄。即使存单、存折或银行卡丢失、被盗，由于密码只有自己知道，其他人若到银行去冒领存款，也不容易得逞。

**密码设置。**在设置储蓄密码时，尽量采用容易记忆而保密性又强的数字作为密码。不宜采用有关证件号码、生日以及电话号码等“特殊”数字作为密码，这种数字保密性不高，容易被他人猜出。

**认真检查。**认真检查银行开出的存单或存折上的户名、存期以及金额等内容是否正确，如果存在差错，应该及时要求银行工作人员更正。

**记录要素。**建立家庭储蓄档案，准确及时地记录存单或存折上的户名、账号、存款期限、金额以及存款银行等信息，万一存单或存折遗失、被盗，也能及时提供信息给银行，便于银行迅速找到记录，及时给储户办理储蓄挂失手续。

**分开保管。**将存单、存折以及银行卡等物品妥善保管，不要和户口簿、身份证等证件放置在一起，预留印鉴的图章也要分开保管。

**及时挂失。**当发现存单、存折或银行卡丢失、被盗时，应及时带上身份证件，到存款开户机构申请挂失，以免造成存款损失。

**选择银行。**尽量选择有电子监控系统的银行，如若他人冒名支取，可以及时从银行的录像中查出。

### 3.2.3 了解储蓄的风险

长期以来，储蓄存款一直是多数家庭的“保险箱”，因此，很多家庭都觉得银行储蓄最值得信赖，不存在风险。虽然从理论上来说，储蓄是一种稳健的理财方式，但也存在一定的风险。

**案例实操**

**保险推销员假借储蓄名义推销保险**

受旅游旺季的“福利”影响，刘小姐家的特产店最近生意比较好，她准备到银行将最近入账的5万元现金存为3年定期。当刘小姐到达银行时，一位银行工作人员热情地接待了她，并为她介绍了银行现在代理的一款新的理财产品，即储蓄就送保险，该产品不仅保本而且还有较高收益，到期收益3.6%以上。

刘小姐立即就被这种高收益的产品吸引了注意力，在没有看清楚合同的情况下就立马“签字画押”，并付款购买了这款3年定期的“分红储蓄”。在未满3年期限，刘小姐因为家里店铺扩大经营，想要将本息取出来时，却被告知需要支付几千元的违约金，此时刘小姐相当后悔，也才清楚自己购买的只是保险，而不是常规意义上的“储蓄”。

事实上，这种表面上无风险、高收益且赠保险的理财产品，背后却隐藏本金风险、收益风险和保障风险。

◆ 本金风险

其实，这种所谓的“储蓄送保险”产品只是借助银行进行销售的一种“分红险”保险产品，这种附带保险功能的银行理财产品，要求储户必须持有保险到约定年限，如果想要提前支取，不仅无法获取收益，还会损失部分本金。因此，家庭为了高收益想要购买这类保险产品，必须使用闲置资金，确保约定年限内不会使用这笔资金，这样本金才有保障。

◆ 收益风险

很多银行的保险销售员会告诉储户，“储蓄送保险”产品的收益率很高，要比定期存款高 1% ~ 1.5%，非常的划算。其实，所谓的高收益只是一种预期收益，若到期无法达到收益目标，银行和保险公司无须承担任何违约责任，而储户在付出手续费后不仅无法获取收益，还可能赔上本金。

◆ 保障风险

送保险只是附加条款，与纯保障性的保险比较，同样投保金额的分红险在保障性上要差得多，而且用处不大。因为保险的核心目的是“保障”，如果保险的附加功能太多，会弱化保险的核心价值。

**理财贴示** *教育储蓄的技巧*

在进行教育储蓄时，需要注意两个技巧：

其一，由于约定存款额度的大小直接决定所得利息的多少，所以每次约存金额要尽量高些，这样能得到较多的利息；

其二，尽量选择长期存款期限，教育储蓄作为教育金的积累方式，不用特别考虑其流动性。

## 3.3 让保守的储蓄理财更划算

目前，银行存款利率虽然很低，但高收益意味着高风险，很多家庭为了避免承受高风险，仍会选择把积蓄存在银行里。不过，理财讲求的是平衡性，在确保资金安全的情况下，工薪家庭通过各种技巧，也可让保守的储蓄理财变得合算。

### 3.3.1 如何存款最划算

对于大部分的家庭来说，去银行存款首先考虑的是安全，其次就是利息，利息越高越符合自己的心意。那么，如何存款才最划算呢？主要有以下几种存款技巧：

◆ 多用定期存储

虽然活期存款具有随存随取的特性，但利息较低，家庭应该尽量减少活期存款。当有较多活期存款结余时，最好及时将其转存为定期。当然，在无法确定家庭是否在未来有较大支出时，可以选择较短时间的定期，如 3 个月、6 个月以及 1 年等，这种存款方式不仅方便资金的运用，利率也远远高于活期存款利率。

◆ 拆为多份储蓄

为了便于使用存款，可以将一笔资金拆分为多笔进行定期存储。例如，将 5 万元现金分为不同额度的三份，然后将其存为 1 年的定期存款。这样操作是为了在急需用钱时，便于取出相应金额的存款，而不会让额外的定存存款出现利息损失。

◆ 选择小型商业银行

通常情况下，大型银行不会担心储户量的问题，所以存款利率相对较低，但一些小型的商业银行为了吸引更多储户，会愿意支付更高的存款利息。其实，小型商业银行也是正规银行，储户的存款也能享受保险制度。所以在同样的安全保障下，工薪家庭可以考虑选择小型商业银行，这样能享受到更高的利率。

◆ 选择合适存款期限

虽然银行的定期存款利率高于活期存款，收益也是相当不错的，但并不是说定存的时间越长就越好。定存的利率是固定的，不会因为市场利率的提高而提高，再加上通货膨胀因素的存在，所以定存的期限越长反而不划算。考虑到存款的收益率与流动性，选择两年定期存款相对比较划算。

◆ 银行大额存单

银行除了为储户提供普通存款业务外，还有大额存单业务。大额存单是指由银行与存款类金融机构面向个人、非金融企业、机关团体等发行的一种大额存款凭证，到期前可以转让。其中，大额存单比同期限定期存款的利率还高，能够帮助家庭获得更高的收益，且流动性也更好。不过，大额存单的投资门槛高，金额为整数。

## 3.3.2 减少存款本息损失

通常情况下，定期储蓄在存入时约定存期，没有到期不得支取，如果特殊情况下需要提前支取，则会造成相应的损失。不过，家庭成员可以运用一些技巧，使本息损失降低到最低程度。

### 1. 减少本金损失

虽然资金存到银行比较安全，但是也要考虑到市场因素，随时对存款进行调整，避免出现本金损失，减少本金损失的技巧主要有以下几点：

**无投资项目时继续定存。**如果暂时没有较好的投资项目，即便是银行利率较低，也是有收益的。如果将现金闲置在手中，那将损失利息收入。

**有投资项目时不放弃将到期的定存。**遇到国债、基金等比较稳定且收益较高的投资产品时，可以对几种理财产品进行计算与分析，从中选择出比较适合的投资方式。通常情况下，这种方式比较适合短期存款较多的家庭，而对于具有较多长期存款的家庭则不太划算，因为需要损失部分定存收益。

**利率水平较高时继续定存。**当利率较高或可能高于未来利率的情况下，家庭可以选择继续转存定期储蓄。因为定存的利息收入按存款日的利率计算，在利率调低前进行的定期存款可以获得较高的收益。

**利率水平较低时进行短期存款。**在市场利率水平较低的情况下，最好选择利率较低的短期储蓄进行投资，以等待更好的投资机会。

2. 减少利息损失

如果家庭因为特殊情况，提前支取定期存款，必定会损失部分利息。此时，可以通过以下两种方法来减少利息损失。

①定期存款的提前支取分为两种情况，即部分和全额提前支取。家庭可以根据实际情况，办理部分定存提前支取，这样剩下的部分存款仍可按原有存单的存款日、利率和到期日计算利息。例如，吴先生家在 2017 年将 10 万元现金办理了 5 年期整存整取，2020 年时急需用钱，不过数额不大，只需要 3 万元即可解决难题。此时，吴先生只需要提前支取 3 万元，最终也只损失这部分的定期利息。

②通过办理存单质押贷款的方式获取资金，也就是使用原存单作抵押办理小额贷款，等到存单到期后再归还贷款。使用该方法可以减少定存的利息损失，但需要支付贷款利息，所以家庭成员需要将损失利息与贷款利息进行比较，看这样操作是否合算。

### 3.3.3 自动转存更省钱

对工薪家庭来说，夫妻二人可能都是上班族，上班时间特别繁忙。当存在银行中的定期存款到期后，常常会忘记为存款办理相关手续，使超期的利息只能按照活期存款利率进行计算，从而产生不少损失。如果办理了

“自动转存”的业务，则可以避免不必要的损失。

自动转存是定期存款自动转存的简称，即储户存款到期后，如果不前往银行办理转存手续，银行可以自动将到期的存款本息按相同存期一并转存，不受次数限制，续存期利息按前期到期日利率计算。到期自动转存时，按照最新的利率执行。

此外，银行还为储户提供了“定活约定转存”业务，即让资金在定期账户和活期账户间自动划转，这也是一种较好的储蓄方式。其中，“定活转存”需要储户在银行设置一个转存起点和转存账户。

例如，储户使用工资卡办理了转存起点为 5 000 元，转存账户为 1 年定期存款的“定活约定转存”业务，当工资卡活期账户上的资金超过 5 000 元时，多出的资金就会自动转进 1 年期的定期存款账户，并获取 1 年期定期存款的利息。

**理财贴示** *约定转存与自动转存的区别*

自动转存与约定转存主要有两点区别，具体介绍如下：

①约定转存有期限选择，自动转存则没有。例如，原存期为 1 年时，约定转存可以定半年、1 年或 2 年，而自动转存则只能依照原定存期不限期转存下去。

②如果约定转存的存单支取日不是存单对应的当天，则视同提前支取，同时需要提供身份证件；自动转存视同到期支取，不用提供身份证明。

# 第4章 信贷支付，提前消费中隐藏的理财秘密

随着社会的发展，人们的思想也变得超前，很多家庭开始运用资金周期来改善生活，即提前消费。说到提前消费，大家的第一反应是贷款与信用卡消费。从理财的角度而言，合理的提前消费可使家庭资产的价值得到较好的延展与利用，所以提前消费也是一种理财方式。

4.1

# 了解提前消费的优劣

**消费是家庭生活的重要部分，随着社会生活水平的提高，许多家庭开始讲究消费品质，有的家庭也追求提前消费。**

提前消费与高消费不同，高消费是指超过正常平均生活水平的消费，它着眼于整个社会生活水平。而提前消费是指在超过暂时收入能力的情况下，将今后的收入提前消费，然后慢慢偿还。其中，提前消费主要分为两种情况，具体介绍如下：

- 提前消费消耗性的普通产品，如汽车、电子产品以及服饰等，消费后会使产品的价值降低或消失，尽管让货币体现了最大的消费价值，但该类产品的作用只是让家庭成员得到了享受。
- 提前消费可以保值甚至升值产品，如房子、黄金等，这不仅使货币实现了它应有的价值，还让社会财富保值、升值。

由此可知，家庭适当的选择提前消费方式更有利可图，提前消费的钱是对预期收入衡量后，通过贷款、信用卡和典当等方式获取的。因此，只有以当前的收入为基础，才能客观理性地对待提前消费理财方式。

对于家庭成员来说，最好将货币用于第二种消费，这样才能使家庭财富在通货膨胀时代得以保值，甚至是升值。当然，任何事情都具有两面性，提前消费也存在相应的弊端，家庭成员需要避免过度透支。

①提前消费会增加家庭的生活压力，家庭成员会担心失去工作，不敢

大胆尝试新的工作或进行创业，这样就容易使家庭陷入困境。

②提前消费可能对家庭未来的消费造成较大影响，如不敢再购买生活必需品。现在购买了一些非必需品，导致未来遇到更加必需的产品时，却无力购买。

③提前消费可能增加消费成本，如使用信用卡分期购买家电家具时，需要支付相应分期手续费，反而使消费总金额高于全款购买金额。

因此，家庭提前消费时需要量力而为，切忌盲目追求不切实际的奢侈消费。另外，家庭还需要具有稳定的经济来源与还款能力，否则容易出现家庭坏账，使家庭陷入过度透支的恶性循环中。

## 4.2 贷款，今天用明天的钱

**提前消费的方式有很多，贷款是最常见的一种方式。各大金融机构都有个人贷款中心，为家庭提供贷款业务，如房屋贷款、大众消费品贷款等，帮助有偿贷能力的家庭过上富足的生活。**

### 4.2.1 贷款的种类

贷款，简单而言就是需要支付利息的借款，是金融机构按一定利率和相应条件出借货币资金的一种信用活动形式。其中，对于贷款的类型，按照不同的标准进行划分，可以分出不同的类别，如表 4-1 所示。

表 4-1 贷款的分类

| 分类方式 | 债券名称 | 说　明 |
| --- | --- | --- |
| 按贷款使用期限划分 | 短期贷款 | 指贷款期限在1年以内(含1年)的贷款，主要有6个月、1年等期限档次的短期贷款 |
| | 中期贷款 | 指贷款期限在1年以上(不含1年)5年以下(含5年)的贷款 |
| | 长期贷款 | 指贷款期限在5年(不含5年)以上的贷款，而中、长期贷款包括固定资产贷款和专项贷款 |
| 按贷款经营属性划分 | 自营贷款 | 指贷款人以合法方式筹集的资金自主发放的贷款，其风险由贷款人承担，并由贷款人收回本金和利息 |
| | 委托贷款 | 指由政府部门、企事业单位及个人等委托人提供资金，由贷款人根据委托人确定的贷款对象、用途、金额以及期限等代为发放、监督使用，并协助收回的贷款 |
| | 特定贷款 | 指经国务院批准并对贷款可能造成的损失采取相应补救措施后，责成国有独资商业银行发放的贷款 |
| 按贷款信用程度划分 | 信用贷款 | 指以借款人的信誉发放的贷款，该类贷款最典型的代表就是信用卡，给持卡人相应的信用额度，不需要任何担保，使用后在一个月内偿还 |
| | 保证贷款 | 指按规定的保证方式，以第三人承诺在借款人不能偿还贷款时，按约定承担一般保证责任或连带责任而发放的贷款 |
| | 抵押贷款 | 指按规定的抵押方式，以借款人或第三人的财产作为抵押物发放的贷款 |
| | 质押贷款 | 指按规定的质押方式，以借款人或第三人的动产或权利作为质物发放的贷款 |
| | 票据贴现 | 指贷款人以购买借款人未到期商业票据的方式发放的贷款 |
| 按贷款用途划分 | 住房抵押贷款 | 是指申请人以自己的房屋产权作为抵押向银行申请的贷款，在房屋抵押期限内未能按约定偿还贷款的，银行将会收回房产，取得房屋的所有权，并进行依法拍卖获得金钱 |
| | 汽车贷款 | 是指贷款人向申请购买汽车的借款人发放的贷款，贷款对象为年龄在十八周岁(含)至六十周岁(含)，具有完全民事行为能力的自然人 |

续表

| 分类方式 | 债券名称 | 说　　明 |
| --- | --- | --- |
| 按贷款用途划分 | 装修贷款 | 也称作家装贷款，指银行或者消费金融公司推出的，以家庭住房装修为目的个人信用贷款。该贷款可以用于支付家庭装潢和维修工程的施工款、相关的装修材料款和厨卫设备款等 |
|  | 旅行贷款 | 贷款人为申请人发放的用于支付旅游费用的贷款，旅游费用指特约旅游单位经办且由贷款人指定的旅游项目所涉及的交通费、食宿费、门票、服务及其相关费用组成的旅游费用总额 |
|  | 耐用消费品贷款 | 是指贷款银行向借款人发放的，用于支付其购买耐用消费品的贷款。其中，耐用消费品通常是指单价在2 000元以上，正常使用寿命在2年以上的家庭耐用商品（住房、汽车除外）。 |

贷款的种类还有很多，但对于工薪家庭而言，通常会选择按贷款用途划分的几种贷款方式。另外，信用贷款也是一种比较常用的方式，不需要第三方提供担保，只依靠个人的信用即可取得贷款。在信用贷款的过程中，个人的信用是很重要的条件，只有综合信用达到相应的分数，才能取得信用贷款，所以保持信用分数很重要。

### 4.2.2 贷款的流程与资料提供

家庭成员为完全民事行为能力的自然人，具有稳定的职业和收入，信用良好，且有偿还贷款本息的能力，就可以申请贷款。在满足贷款申请条件后，还需要了解具体的办理流程，具体介绍如下：

①借款人提交个人贷款需求和资料给金融机构。

②金融机构根据借款人的申请，对其信用等级进行评估，评估通过后进行初审，并安排专人联系贷款申请人。

③通过初审后，指导贷款申请人提供所需材料，再审核。

④通过审核后，金融机构会与借款人签订贷款合同。

⑤金融机构按贷款合同规定，按期发放贷款。

其实，办理贷款的流程比较简单，其关键是在贷款资料的审核上，所以借款人需要将资料准备齐全。通常情况下，申请贷款需要的资料如下：

◆ 借款人有效身份证件的原件和复印件。

◆ 当地常住户口或有效居留身份的证明材料，如居住证。

◆ 借款人的贷款偿还能力证明材料，如借款人所在单位出具的收入证明、借款人社保证明以及借款人个税缴纳证明等。

◆ 借款人获得质押、抵押额度所需的质押权利、抵押物清单及权属证明文件，权属人及财产共有人同意质押、抵押的书面文件。

◆ 借款人获得保证额度所需的保证人同意提供担保的书面文件。

◆ 保证人的资信证明材料。

◆ 借款人最近6个月或1年的银行流水。

◆ 借款人的资产证明，如房产、汽车、股票账户以及其他理财产品等。

◆ 社会认可的评估部门出具的抵押物的评估报告。

◆ 银行或贷款代理机构规定的其他文件和资料。

### 4.2.3 办理个人购房贷款

对于工薪家庭而言，为了方便上班、孩子上学或者房产理财，都会在城市中购买一套房子，但许多家庭的存款只够支付首付，此时就只能选择按揭贷款买房。家庭贷款购买房屋并不是小事情，随着贷款买房的家庭逐渐增多，为了能顺利通过贷款买房，家庭成员需要了解按揭贷款的具体流程。按揭贷款买房流程主要如图 4-1 所示。

第一步：开发商向贷款银行提出按揭贷款合作意向

第二步：贷款银行对开发商的开发项目、建筑资质、资信等级、负责人信息、企业社会商誉、技术力量、经营状况以及财务情况等进行调查，然后签订按揭贷款合作协议

第三步：购房人选择可以通过按揭贷款购买的房产，然后确认开发商建设的房产获得哪些银行的贷款支持，以保证按揭贷款的顺利取得

第四步：购房人与开发商签订《商品房买卖合同》，并取得交纳房屋首付款的凭证

第五步：购房人对贷款银行的贷款数额、年期、利率、还款方式及其他权利义务进行了解，确认后向目标贷款银行申请贷款

第六步：贷款银行收到购房人递交的按揭申请后，对各方面的情况及手续进行调查与审查，如家庭情况、工作情况等

第七步：在审核通过后，贷款银行批准购房人的借款申请。办理相关手续后，一次性将贷款划入开发商的银行监管账户中，作为购房人的购房款

第八步：借款人每月按贷款合同上签订的还款日还款

第九步：贷款还清后，办理抵押注销手续

图 4-1　按揭贷款买房的流程

另外，家庭成员在办理个人购房贷款时，还需要注意以下事项：

**贷款额度。**在贷款范围内，个人贷款额度可以由借款人选择。根据贷款银行对借款人资质的判断，会给出合理的贷款额度范围，如贷款额度为10万~100万元，借款人可以在这个范围内进行选择。当然，贷款金额的大小取决于借款人对资金的需求，借款人首先需要考虑家庭的偿还能力，避免每期还款金额过高，还款压力过大。

**贷款期限。**贷款的时间越长，利率也就越高，借款人的利息负担就越大。因此，家庭成员需要根据家庭的经济情况，制定合理的贷款期限，使家庭既不会有较大的还款压力，也能尽量少还利息。

**理财贴示** *其他购房贷款内容*

家庭成员除了要了解按揭贷款的相关流程与注意事项，还需要了解与贷款购房相关的其他知识，具体介绍如下：

◆ 个人二手房贷款

个人二手房贷款是指借款人以在住房二级市场上交易的房屋，向银行申请贷款，用于支付购房款，再由购房人分期向银行还本付息的贷款业务。其中，该类二手房需要满足三个条件，即售房人已取得房屋产权证、具有完全处置权利以及房屋可在二级市场上合法交易。

◆ 商用住房贷款

商用住房贷款是指借款人为了购置用于盈利的经营性房屋，向银行申请的贷款。

◆ 住房转按揭贷款

住房转按揭贷款是指已在银行办理个人住房贷款的借款人在还款期间，由于所购房屋出售、赠予或继承等原因，房屋产权和按揭借款需同时转让给他人，并由金融机构为其做贷款转移手续的业务。

### 4.2.4 办理消费贷款

随着时下消费理念的逐渐转变，市场中也出现了各种各样的贷款方式。家庭生活中，总会出现一些消费需求想要得到满足，但家庭的流动资金又无法承受这笔开支的情况，于是就出现了最适合大众的贷款方式，即消费贷款。

消费贷款也称为消费者贷款，是金融机构以消费者信用为基础，对消费者个人发放的，用于购置耐用消费品或支付其他费用的贷款，具有用途广泛、贷款额度较高、贷款期限较长等特点。其中，消费贷款不限定具体消费用途，但不能用于购房。

通常情况下，家庭可以使用消费贷款来支付购车、住房装修以及购买奢侈品等大宗开支，贷款期限通常在 1 ~ 5 年。对于刚接触消费贷款的家庭而言，了解申请流程是一个非常关键的步骤，具体介绍如下：

**选择适合的贷款产品。**借款人想要找到适合家庭的贷款产品，除了对家庭需求进行评估外，还要对贷款要求有所了解。

**向贷款银行提出贷款申请。**确定好贷款产品，且借款人满足贷款条件后，就可以向贷款银行提出申请，提交完整且真实可靠的资料。

**贷款行审核。**贷款银行受理借款人的贷款申请后，就会对借款人的资质进行审核。

**签订贷款合同。**如果借款人的资质达标，贷款银行就会与借款人就贷款事宜进行面谈，并签订贷款合同。

**银行发放贷款。**当所有的贷款手续都办理完成后，贷款银行就会给借款人发放贷款。

**借款人按时足额还款。**借款人获得贷款后，需要按照贷款合同约定按时足额还款，避免产生不良信用记录，影响以后的贷款业务。

由于不同贷款银行对申请消费贷款的规定不同，所以家庭在办理消费贷款之前，最好去当地的多家贷款银行进行咨询，了解了相关利率、规则等信息后，再做相关的准备工作并申请贷款。

### 4.2.5 谨防贷款陷阱

随着家庭生活水平不断提高，消费水平也在逐渐增加。很多家庭开始使用各类贷款方式来获取资金，以满足家庭提前消费的需求。不过，贷款虽然能帮助家庭实现当前消费需求，但也存在难以察觉的陷阱，如果家庭成员不注意，就很可能掉入陷阱中。

◆ “黑户”也能贷款

如果借款人因为存在不良征信，跑了多家银行都没有贷款成功，这时突然有人跑来说可以帮忙消除不良征信，就算是信用“黑户”也能贷到款，着急用钱的人就容易上当受骗，不法分子也正是抓住了人们的这种心理进行贷款诈骗。

其实，正规贷款机构不会给存在不良征信的借款人放贷，肯放贷的不是高利贷，就是不法分子，就算最后真的贷款成功，也将偿还高额利息。

◆ 仅凭电话号码就能贷款

不管是网络上，还是大街小巷的墙壁上，都有“仅凭电话号码就能贷款，当天放款”“无抵押无担保，最高可贷20万”等广告语。对于资质较差又急需用钱的家庭来说，这绝对是个巨大的诱惑。

不过，这些广告后面大多早已设计好了陷阱，就等着借款人往里跳。等借款人与他们表明贷款意愿后，他们就会要求先交介绍费、手续费以及保证金等费用，交完后就再也联系不上他们了。

其实我们都清楚，正规金融机构要给借款人放款，不仅需要身份证、电话号码以及家庭住址等信息，还需要借款人提供房产、汽车、工资流水、工作证明、家庭信息、公积金以及社保等资料，毕竟放出去的款要确保能收回来，金融机构才能降低贷款风险。

◆ 借10 000元放贷7 000元

很多贷款公司都打着“0利息，0费用”的口号，以吸引借款人。任何费用都不收，就肯借钱给他人，想想都不可能。事实上，在这种情况下，贷款公司都是以“砍头息”的形式收费，即从贷款本金中先扣除贷款利息、手续费、管理费以及保证金等。例如，借款人申请贷款10 000元，最后到账7 000元，还款时还需偿还总金额10 000元，其中被扣除的3 000元就是各种费用。

◆ “阴阳合同”设圈套

贷款公司与借款人签订“阴阳合同”，当借款人无力偿还时，强迫借款人签订更高额度的贷款合同，甚至让借款人用其他资产来抵押，当借款人把所有资产投进去也无力偿还贷款时，就要面临倾家荡产的结果。

◆ 通过电话就能获得贷款

有些家庭想要申请贷款，却接到了异地电话称可以帮忙办理贷款，此时就要提高警惕了。其实，贷款都有地区性，最好找当地金融机构申请，并且需要本人亲自办理，正规金融机构都不会通过给借款人打电话的方式放款的。

◆ 木马程序盗取银行卡信息

此种陷阱手段比较高明，往往是不法分子以低利息、申请简单为诱饵，让借款人点击链接、下载网站插件或下载App，而这些链接、插件或App都是不法分子发送的病毒程序安装包，然后要求借款人填写借款信息，如个人信息、银行卡信息以及密码信息等，不法分子收到借款人的信息后立马将银行卡中的钱转走。

综上所述，家庭成员不要轻信“0利息、无抵押、免担保、当天放贷”等低门槛引诱信息，不要随意将个人信息、银行卡号和密码等信息提供给他人，防止上当受骗。家庭在急需用钱时，必须到正规金融机构申请贷款，如果贷款没有得到审批，宁愿低头找亲朋好友借钱，也不要病急乱投医，掉入不法分子的陷阱中。

## 4.3 信用卡支付中的各种实惠

**随着社会经济的发展，信用卡消费日益渗透到了人们的生活中，成为提前消费的另外一个亮点。目前，信用卡的竞争越来越激烈，各大银行相继推出了各种优惠活动，如刷卡享积分、刷卡打五折等。作为家庭成员，也应当适时抓住机会，利用信用卡为自己省钱、赚钱。**

### 4.3.1 轻松认识信用卡

信用卡是一种非现金交易付款的方式，由银行或信用卡公司依照用户的信用度与经济实力发给持卡人，持卡人持信用卡消费时无须支付现金，可以在规定额度内透支，待结账日时再行还款。信用卡分为正反两面，正面印有发卡银行名称、有效期、号码、持卡人姓名等内容，反面有磁条、签名条等内容，如图 4-2 所示。

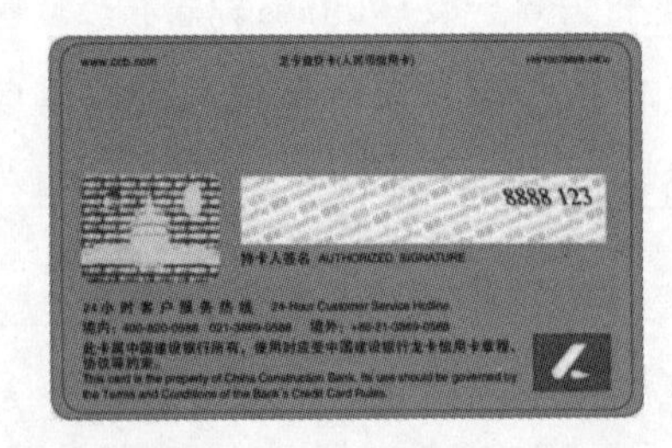


图 4-2　信用卡卡面样式

信用卡主要分为贷记卡和准贷记卡两种，贷记卡是指持卡人拥有一定的信用额度，可以在信用额度内先消费后还款的信用卡；准贷记卡是指持卡人按要求预存相应金额的备用金，当备用金账户余额不足支付时，可以在规定的信用额度内透支。所以常说的信用卡，主要指贷记卡。目前，信用卡已经是家庭生活不可或缺的工具，主要特点如下：

①不需要存款就可以进行透支消费，同时还能享有一定期限的免息期，只要到期按时还款即可。

②只要是有银联标识的ATM机或POS机，即可进行取款或刷卡消费。

③持卡人在银行的特约商户消费，可以享受相应的折扣优惠。

④信用卡特有的附属卡功能，很适合夫妻共同理财，或者管理子女的财务支出。

⑤一卡双币的形式，可以帮助持卡人在境外消费，然后在境内以人民币还款。

虽然可以使用信用卡提前消费，但毕竟花的不是自己的钱，到期还是要还给银行的，如果到期没有偿还，发卡银行不仅有权收取相应违约金，持卡人也会产生不良征信记录。不过，发卡银行也为持卡人提供了多种信用卡还款方式，持卡人可以选择最方便的一种进行还款。

◆ 营业网点柜台还款

持卡人在信用卡本期账单的还款日前，带着信用卡卡片和现金，到发卡银行的营业网点提出信用卡还款申请，然后配合工作人员完成还款，即可恢复信用卡的信用额度。

柜台还款是比较安全的一种还款方式，且还款金额为实时到账，就算是最后还款日去还款，也不用担心延迟到账导致还款逾期。不过，由于发卡银行的业务窗口有限，每天办理业务的客户也比较多，需要花费更多的时间排队等候。因此，柜台还款方式比较适合闲暇时间较多的持卡人。

◆ 关联借记卡自动还款

如果拥有相同发卡银行的信用卡与借记卡，可以通过银行柜台或网上银行将借记卡与信用卡进行关联设置，然后就能用借记卡自动还款。在设置的还款日到来时，发卡银行会从关联的借记卡中转出关联信用卡当期应还的账单金额。

不过，使用该方式还款时，必须要保证借记卡中有足够的金额能够偿还账单，不然就会还款失败。目前，几乎所有的信用卡都支持借记卡自动还款，下面以光大银行的借记卡与信用卡关联为例进行具体讲解。

**案例实操**

**在光大银行网上银行中设置信用卡自动还款**

下载并启动中国光大银行手机银行 App，在“首页”栏中单击左上角的“登录”按钮。进入账户登录页面中，依次输入签约手机和登录密码，点击“确定”按钮，如图 4-3 所示。

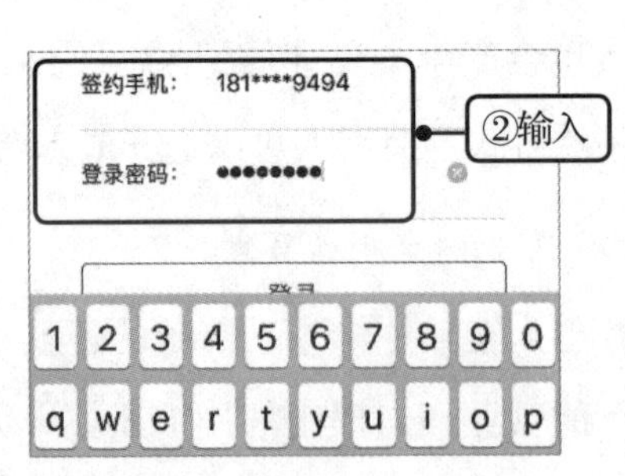


图 4-3 进入光大银行网上银行登录页面

进入“首页”栏中，点击“信用卡”按钮。进入“信用卡”页面中，点击“更多”按钮，如图 4-4 所示。

图4-4 选择信用卡账户

进入“更多”页面中，点击“自动还款设置”按钮。进入“自动还款设置”页面中，点击“开通”按钮，如图4–5所示。

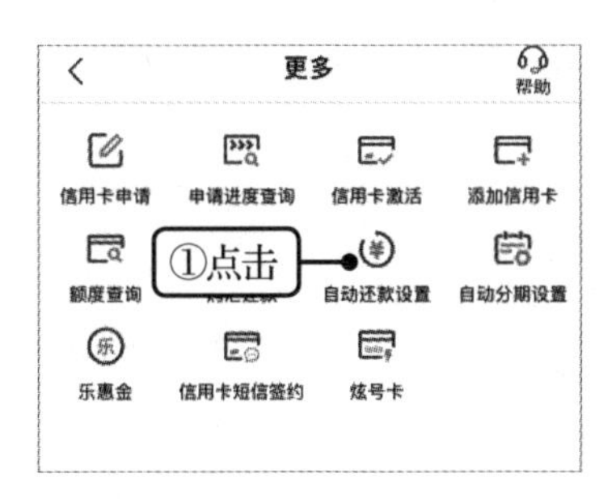

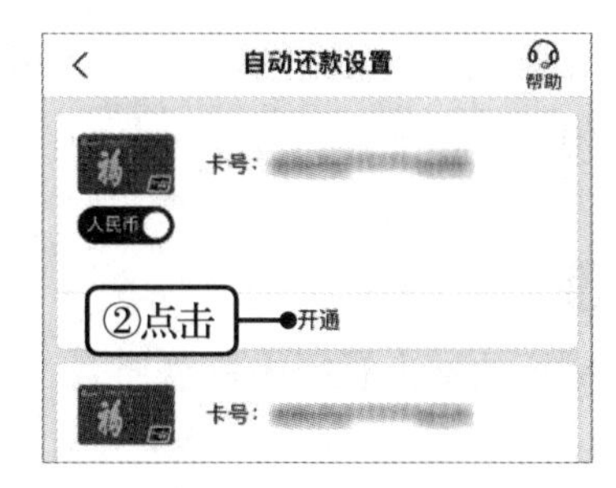


图4-5 设置自动还款

依次设置还款借记卡的开户行、付款账号与扣款方式，点击“下一步”按钮。确认信息无误后，输入借记卡的交易密码，点击“提交”按钮即可，如图4–6所示。

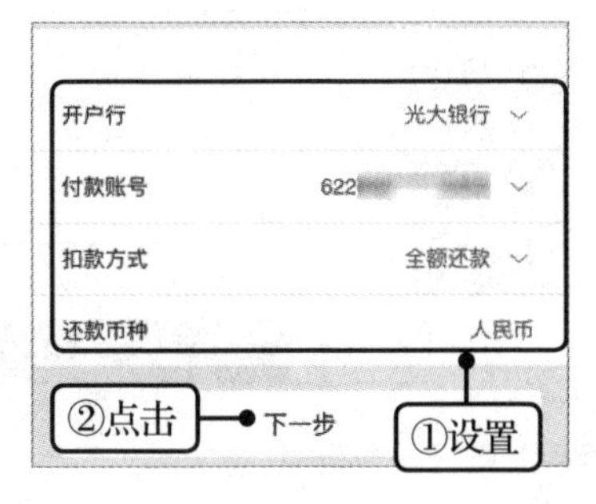

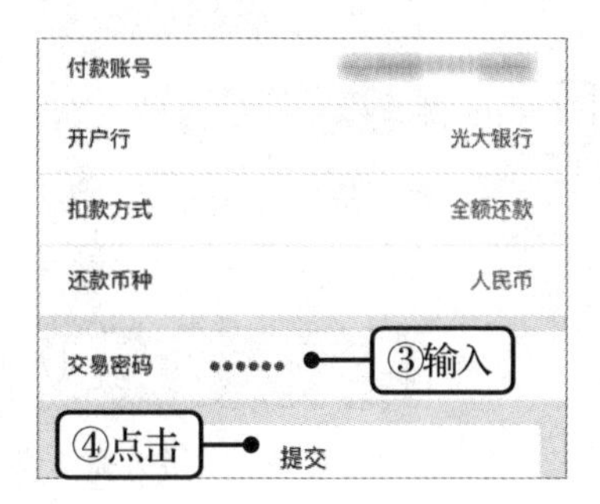


图4-6 设置信用卡的签约信息

◆ 通过 ATM 机转账还款

ATM 机是一种便捷的银行金融业务服务终端，使用信用卡可以在 ATM 机上完成取现、转账等业务。因此，可以在 ATM 机上存入现金还款或通过同一发卡银行的借记卡转账到信用卡中还款。同时，通过 ATM 机还款安全性也比较高。另外，持卡人还可以通过 ATM 机进行跨行转账还款，不过跨行转账需要缴纳相应的手续费，且到账时间没有同行转账快。

◆ 网上银行转账还款

目前，几乎所有的借记卡都开通了网上银行业务，持卡人只需要登录网上银行就能直接向信用卡账户中转入还款资金，偿还当期账单。网上银行转账还款的操作很简单，各发卡银行的操作基本相同，例如在光大银行的网上银行进行转账还款。

**案例实操**

**在光大银行的网上银行中转账还款**

进入中国光大银行的网上银行（http://www.cebbank.com/），单击“个人网银登录”按钮。进入个人用户登录页面中，依次输入登录名或账号、登录密码，然后单击“登录”按钮登录信用卡网上银行，如图 4-7 所示。

图 4-7　进入光大银行网上银行登录页面

进入个人网上银行中，在菜单栏中单击“信用卡”菜单项，选择“信用卡还款”选项，如图 4-8 所示。

图 4-8　选择信用卡还款功能

进入信用卡还款页面中，依次设置信用卡号、转入币种、转出账号、转出币种、转账金额和转出账号密码，单击“下一步”按钮，确认信息无误后单击“提交”按钮即可完成操作，如图 4-9 所示。

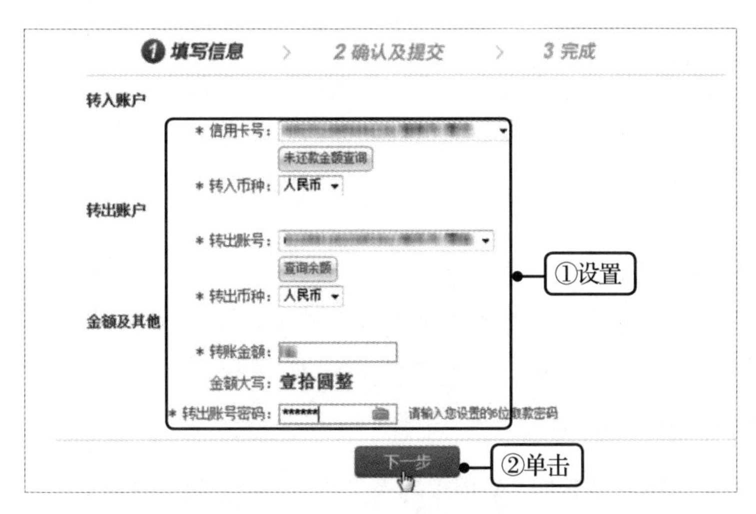


图 4-9　完成信用卡还款

◆ 第三方支付平台转账还款

除了前面介绍的几种信用卡偿还方式，持卡人还可以借助第三方平台的还款途径偿还信用卡，这也是比较优惠、方便的还款方式，如支付宝、微信以及京东等平台。

不过，第三方平台并不是金融机构，不能直接管理金融机构的系统，需要将资金进行一次“周转”，就可能出现资金延迟到账的情况。简单而言，如果持卡人选择第三方平台进行信用卡还款，需要在最后还款日前3～5天进行操作。

### 4.3.2 信用卡的使用秘诀

家庭使用信用卡，不仅可以提前消费，还能利用免息期进行投资理财。如果能巧妙使用信用卡进行消费，不仅能获得额外的优惠，如免年费、刷卡折扣与返现等，还能使用积分兑换礼物，从而省下不少钱。

**多刷信用卡免年费。**通常情况下，信用卡会按年收取相应的年费，几十元到上万元不等，这就会让许多家庭成员觉得不划算。其实，大部分信用卡都有本年刷卡满规定次数，免除次年年费的优惠活动。因此，只要家庭成员多使用信用卡刷卡消费，就能轻松免除次年年费。

**与借记卡关联节息。**许多家庭成员为了获得更长免息期，常常会同时使用多张信用卡，也会容易出现忘记还账单款项的情况。因此，家庭成员可以将借记卡与信用卡进行关联，实现自动转账还款操作，从而有效避免因忘记还款而产生利息。

**享受最长透支免息期。**信用卡的一大特点，就是刷卡消费具有免息期。家庭成员在使用信用卡进行交易时，从发卡银行的账单日到还款日之间的日期为免息还款期。例如，家庭成员在6月1日使用信用卡进行了刷卡消费，信用卡账单日为6月25日，最后还款日为7月6日，那么家庭成员就能享受 6 月 1 日至 7 月 6 日的免息还款期，总共有 35 天。各发卡银行对免息还款期有不同的规定，通常最短为 20 天，最长为 56 天。一般在账单日的后一天消费交易，则可以享受到最长的免息还款期，一般为 50 天或者 55 天。

**无本免息买理财产品。**家庭成员可以利用信用卡的免息期进行理财，平时使用信用卡刷卡消费，把流动资金用于购买短期理财产品，从而变相令信用卡的信用额度“变现”，赚取理财红利。

**理财贴示** *规避信用卡的风险*

使用信用卡与其他理财方式一样，也存在相应的风险，那么家庭应该如何规避风险呢？如图 4–10 所示。

**办卡时谨防被骗**

家庭成员在申办信用卡时，要通过正规途径办理，如银行直接发卡、业务员上门办卡以及银行网站办卡等。但有些不法分子会假扮为业务员，以收费办高额度信用卡、包办卡等名义让家庭成员花钱办卡，如果不仔细甄别，最终不仅会上当受骗，还会被盗取个人信息，所以办卡时要学会辨别真假。

**慎选最低还款额**

信用卡的还款方式有很多，如全额还款、分期还款以及最低还款等。“月光”的家庭可能会选择最低还款额还款，但发卡银行将从记账日起征收每日万分之五的利息，比分期还款还不划算。

**不要热衷打折优惠**

为了吸引持卡人刷卡消费，发卡银行和商家常常会合作推出各种刷卡优惠活动，持卡人就容易为了“捡便宜”而购买计划外的产品。因此，持卡人切记不要掉入消费陷阱中，控制住自己的消费欲望，避免信用卡透支过度。

**妥善处理签购单**

持卡人在刷卡消费时，千万不要让信用卡离开自己的视线范围，以免被不法分子盗刷。同时，还要妥善保管签购单，不仅可以作为售后的维权凭证，还能有效避免不法分子利用签购单上的信息。

图 4–10　规避信用卡风险的方法

### 4.3.3 巧赚积分赢好礼

对于使用信用卡的工薪家庭而言，信用卡积分是非常重要的省钱方式，如积分可以抵扣年费、兑换礼品、抵扣现金以及兑换里程等。因此，家庭成员需要掌握获取积分的方法，具体介绍如下：

◆ 多刷卡积累积分

在日常生活与工作中，大部分的消费都支持信用卡支付，所以持卡人尽量选择信用卡进行消费，这样不仅比现金支付更方便，还能积累更多的积分。

另外，信用卡使用得越频繁，积分就增长得越快，发卡银行还会不定期推出信用卡消费赠送积分的活动，所以家庭成员可以帮助亲戚朋友刷卡消费，获取积分，这也是信用卡“套现”的方式之一。

◆ 节假日刷卡获双倍积分

在一些特殊节假日时，部分发卡银行会推出消费“双倍积分”的活动，家庭成员可以考虑将一些购物计划推迟到节假日，从而通过刷卡消费获得双倍积分。

◆ 生日时消费享多倍积分

每年的生日月及生日当天，各大发卡银行都会为持卡人送上多倍积分的奖励。例如，工商银行星座卡生日当天消费送10倍积分，奖励上限5万分，其中1倍基础分，9倍奖励分；中国银行长城国际白金卡生日当天享受奖励2 000分，长城国际卡生日当天享受奖励1 000分，无须消费；交通银行白金信用卡在生日当月消费享双倍积分，生日当天在指定餐饮娱乐商户处消费享5倍积分。

◆ 积极参加银行活动

在发卡银行的手机银行App首页中，会推送很多实时消息，家庭成员可以在闲暇时打开看看，容易发现一些积分活动。

例如，××银行—推荐亲友办卡有礼，即2020年6月1日至6月30日，推荐亲友申请××银行信用卡，亲友在2020年7月31日前成功取得信用卡，并于核发后30天内激活实体卡片，可享以下奖励。

成功推荐1人，秀乐途20英寸拉杆箱/双立人炖锅陶瓷碗套装/毛戈平光感滋润无痕粉膏/1 500积分（4选1）；成功推荐3人，10元换购美旅箱包组合/膳魔师电饭煲套装/伊丽莎白雅顿护肤套装/4 000积分（4选1）；成功推荐5人，10元换购Apple AirPods蓝牙耳机/西屋扫地机器人+双立人榨汁机组合/摩飞多功能锅套装/6 000积分（4选1）（前三档奖励不兼得，且每档奖励限1次领取）；成功推荐8人，在推5人礼基础上叠加10元换购4 000积分。

◆ 积分合并

同一家庭成员名下有多张信用卡，可以将这些信用卡的积分进行合并，主卡与附属卡的积分也可以合并。因此，家庭在办理信用卡时，可以为其他家庭成员办理附属卡，然后把附属卡的积分转到主卡上，这样做不仅可以积累更多积分，还对提额有帮助。

### 4.3.4 爱车也能享受多项优惠

对于很多工薪家庭来说，可能养车比买车更难，因为加油费、停车费、汽车保养费以及罚单等都是不小的开支项目。目前，发卡机构针对这部分家庭推出了爱车信用卡，这种信用卡附带了很多优惠活动，如加油打折、赠送免费保养以及免费洗车服务等。

### 1. 加油折扣优惠

目前，很多发卡银行都为汽车信用卡提供了加油优惠活动，虽然各汽车信用卡的加油优惠政策不同，但按照汽车信用卡最简单的加油优惠，每升可获得 3 分 ~ 1 角钱的价格优惠或等值汽油奖励。对于养车压力较大的家庭而言，每年也能获得数百元的优惠。

### 2. 维修保养优惠

为了出行方便，很多工薪家庭都购买了汽车，而汽车保养维修却是每个家庭必须要面对的问题。因此，车主信用卡也推出了维修保养的优惠活动，如维护保养、美容装饰等，车主可以到提供服务的汽车保养中心享受相应的优惠服务，从而实现家庭“省钱大计”。

### 3. 免费洗车

对于有车的家庭来说，洗车费也是一项必备的支出，若家庭申领到一张车主信用卡，就如同获得一张免费的洗车卡。家庭想要省下这笔洗车的支出，就要时常关注信用卡的免费洗车活动。

### 4. 酒后代驾服务

酒后驾车是非常危险的事情，为了避免这种情况的发生，酒后的车主通常会叫代驾。酒后代驾是指由一名专业的司机代替驾驶，将喝了酒的车主连人带车送回家，不过找代驾并不便宜，需要根据里程来收取费用，而部分信用卡提供了酒后代驾的服务，从而为车主省下一笔代驾费用。

# 制订保险计划，为家庭稳定上把锁

在家庭生活中，面对着诸多不可预知的风险，此时可以考虑为家庭上道“保险锁”，以较少的投入，就可以享有较好的保障。家庭在购买保险后，如果遇到各种保内风险，就可以最大限度降低经济损失，使家庭生活更加安全、稳定。

# 5.1 保险的概念与基本类别

**随着时代的进步，生活水平的提高，“保险”一词被提起的频率也越来越高。可见，保险是家庭理财中不可或缺的组成部分，想要通过保险达到理财目的，就必须先弄清楚什么是保险？保险又有哪些基本类别？**

## 5.1.1 什么是保险

保险本质上就是一种风险转移工具，是指投保人根据合同约定，向保险人支付保险费，保险人对于合同约定的可能发生的事故及因其发生所造成的财产损失承担赔偿保险金责任，或者当被保险人死亡、伤残、疾病，达到合同约定的年龄、期限时，承担给付保险金责任的保险行为。

保险是一种转移风险、补偿损失的工具，购买时需要注意以下几点内容：

◆ 保险主体

保险主体是指保险合同的主体，只包括投保人与保险人。被保险人、受益人与保单所有人，只有与投保人为同一人，才能称之为保险主体。

其中，投保人是指与保险人订立保险合同，并按照保险合同负有支付保险费义务的人；保险人是指与投保人订立保险合同，并承担赔偿或给付保险金责任的保险公司；被保险人是指根据保险合同，其财产利益或人身受保险合同保障，在发生保险事故后享有保险金请求权的人；受益人是指人身保险合同中指定的享有保险金请求权的人，若投保人或被保险人没有指定受益人，则他的法定继承人即为受益人；保单所有人是指拥有保险利益所有权的人，通常为投保人、受益人，也可以是保单受让人。

◆ 保险客体

简单而言，保险客体就是保险合同的客体，不是保险标的本身，而是投保人或被保险人对保险标的的可保利益。

可保利益是投保人或被保险人对保险标的所具有的法律上承认的利益，主要是因为保险合同保障的不是保险标的本身的安全，而是保险标的受损后投保人、被保险人或收益人的经济补偿。

◆ 保险标的

保险标的也称为保险对象、保险项目等，即保险合同双方权利义务所指向的对象。例如，在财产保险中，保险标的是投保人的财产以及与财产有关的利益；在人身保险中，保险标的是人的生命或可能发生的疾病以及退休养老的人；在责任保险中，保险标的是被保险人的民事损害责任。

◆ 保险费率

保险费率是投保人按保险金额向保险人交纳保险费的比例，通常用“‰”或“%”表示，是计算保险费的依据。其中，保险费率由纯费率和附加费率两部分构成，而纯费率则是保险费率的主要部分。

◆ 保险利益

保险利益是指投保人或被保险人对保险标的所具有的利害关系，若保险标的安全，被保险人就会继续享有原来的利益；若保险标的不安全或受损，被保险人就会受到利益损害。

◆ 保险价值

保险价值是指保险合同中议定的保险标的的价值。根据《中华人民共和国保险法》的规定，投保人和保险人约定保险标的保险价值并在合同中载明的，保险标的发生损失时，以约定的保险价值为赔偿计算标准。目前，保险价值可由以下两种方法来确定。

①订立合同时确定保险价值。这种保险价值是定值保险，其保险的价值由投保人和保险人在订立合同时约定，并在合同中明确作出记载。具体价值的确定是合同当事人根据保险财产在订立合同时的市场价格估定的，对于不能以市场价格估定的，就由双方当事人约定其价值。

②保险事故发生后确定保险价值。这种保险价值是不定值保险，其保险价值是在保险事故发生时，按照当时保险标的的实际价值确定的。采取不定值保险方式订立的合同为不定值保险合同。对于不定值保险的保险价值，投保人与保险人在订立保险合同时并不加以确定，因此，不定值保险合同中只记载保险金额，不记载保险价值。

◆ 保险合同

保险合同是投保人与保险人约定保险权利义务关系的协议，除了具有一般合同的双务有偿性质以及诺成合同的特征外，还具有相应的法律特征，如保险合同是不要式合同、附合合同以及射幸合同等。

**理财贴示** *保险的作用*

在家庭理财中，保险具有十分重要的作用，具体介绍如下：

①在现实生活中，家庭会面临自然灾害和意外事故的威胁，如家庭成员生老病死、各类自然灾害等。在事故发生后，通常需要外来的经济补偿，而此时人身保险和家庭财产保险等针对家庭的保险产品就能起到保障的作用，维持人们生活的稳定。

②从家庭的生命周期来看，收支往往是不平衡的。例如，家庭进入衰老期，家庭主要劳动力没有工作收入，靠以前的积累生活，而人寿保险具有储蓄的性质，对家庭而言，是一种很好的储备养老金的方式。

③家庭通过人寿保险可以顺利实现财产的转移。

## 5.1.2 保险的类别

保险的类别有很多，但最常见的是按照保险标的分类，可以将保险分为财产保险和人身保险两大类别。

### 1. 财产保险

财产保险是以各种物质财产及其有关的利益为保险标的的险种，保险人对物质财产或者物质财产利益的损失负赔偿责任。其中，财产保险主要包括财产损失保险、责任保险和信用保险等保险业务，具体的介绍如图 5-1 所示。

财产损失保险是以各类有形财产为保险标的的保险，主要业务种类有：企业财产保险、家庭财产保险、运输工具保险、货物运输保险、工程保险、特殊风险保险和农业保险。简单而言，购买该类保险的家庭因意外事故而导致的财产损失，保险公司能够根据保险合同对其进行相应的补偿。

责任保险是以被保险人依法应承担的民事损害赔偿责任，或者经过合同约定的责任作为保险标的的一种保险，主要业务种类有：公众责任保险、产品责任保险、雇主责任保险和职业责任保险等。

信用保险是以各种信用行为为保险标的的保险，是一种担保性质的保险，可以单独承保，主要业务种类有：一般商业信用保险、出口信用保险、合同保证保险、产品保证保险和忠诚保证保险等。

图 5-1　财产保险的种类

为了保证财产安全，家庭在购买财产保险时，需要认真阅读保险责任，同时还需要注意以下三个方面的内容：

**家庭财产并不都适合投保。**家庭财产保险的保障范围涵盖房屋、房屋附属物、房屋装修、服装、家具、家用电器以及文化娱乐用品等，所以有的家庭财产并不适合用财产保险保障，如食品、粮食、烟酒以及化妆品等。

**按需求对家庭财产投保。**家庭在购买财产保险时，需要先和保险公司进行详细沟通，不要超额投保与重复投保，最好是“按需投保”，做到经济实惠。

**发生变化及时联系保险公司。**家庭购买财产保险后，如果需要对保险合同进行变更，投保人必须及时与保险公司取得联系，并得到保险公司的审核批准，签发审批单或对原保单进行批改后，新的保险合同才具有法律效力。

**理财贴示** *财产保险理赔的原则*

财产保险在进行保险赔付时，需要遵循以下两大原则：

**损失补偿原则。**简单而言，就是家庭损失多少，保险公司就需要赔付多少，赔付上限是保额。

**重复保险分摊原则。**每个风险标的只能投保一次，若对一个标的同时投多份保险，最终不是每份保险都赔付一次损失，而是多家保险公司对同一损失进行分摊赔付。

2. 人身保险

人身保险是以人的寿命和身体为保险标的的保险，包括人寿保险、健康保险、意外伤害保险等保险业务。简单而言，当家庭成员遭受不幸事故或因疾病、年老以致丧失工作能力、伤残、死亡或年老退休时，根据保险合同的约定，保险人对被保险人或受益人给付保险金，以解决这些问题所造成的经济困难。

◆ 人寿保险

人寿保险简称寿险，是以被保险人的寿命作为保险标的，以被保险人的生存或死亡为给付保险金条件的一种保险，主要业务种类包括定期寿险、终身寿险、两全寿险、年金保险、投资连结保险、分红寿险和万能寿险等。

另外，人寿保险的主要作用是为家庭提供必要的保障，保证由被保险人的意外死亡，给家人带来的经济上的损失等能够降到最低。

◆ 意外伤害保险

意外伤害保险是以被保险人的身体为保险标的，以意外伤害而致被保险人身故或残疾为给付保险金条件的一种人身保险，主要业务种类有：普通意外伤害保险、特定意外伤害保险等。

◆ 健康保险

健康保险是以被保险人的身体健康情况为保险标的，使被保险人在疾病或意外事故所致伤害发生时，就所产生的费用或损失获得补偿的一种保险，主要业务种类有：医疗保险、疾病保险和收入补偿保险等。

## 5.2 家庭投保的步骤与误区

**保险作为一种规避风险的手段，已经越来越被广大家庭所接受。不过，如何购买保险却成了大多数家庭都很头疼的问题。因此，家庭成员在购买保险之**

**前，需要先弄清楚为家庭投保的正确步骤，还需要了解保险存在哪些误区，避免掉进误区里。**

## 5.2.1 购买保险的常规步骤

随着家庭成员对保险认知程度的不断提升，他们开始越来越重视为家庭配置保险。不过，保险是比较复杂的理财产品，如果不了解基本流程很难做出正确的配置。

### 1. 规划保险购买顺序

家庭成员需要明确保险合理的购买顺序，科学的保险规划需要先从意外险、健康险的规划开始，再去考虑其他险种，如图 5-2 所示。

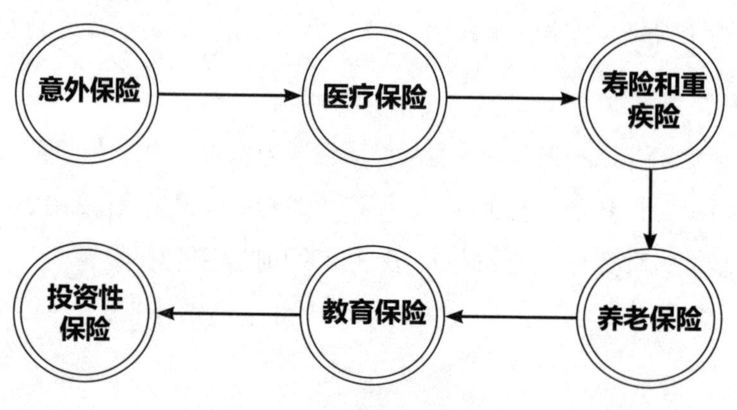


图 5-2 合理的保险购买顺序

### 2. 分析必须投保与不必投保的项目

家庭成员需要确定保险的需求范围，在为家庭投保前需要对投保项目的风险进行评估，归纳出家庭必须投保的项目与可以延后的项目，主要需考虑以下两点内容：

◆ 对于已有的社会保障，不用重复购买或减少购买。

◆ 购买家庭成员的人身保险时，需要根据自身条件进行安排。例如，家庭主要劳动力经常出差，乘坐各类交通工具的频率较高，所以需要购买专门的人身意外保险，而不是每次只购买与交通配套的人身意外保险。

**3. 确认保险购买方式**

家庭成员还需要确认保险的具体购买方式，通常通过保险公司直接购买、中介购买或网络购买。在购买过程中，需要了解保险公司的实力、中介的信誉度以及网络的安全等信息，从而做出最终选择。

其中，最常用的就是通过保险公司购买，所以要弄清楚保险公司的实力情况，这是购买保险时非常重要的参考因素。

①如果保险公司的运营状况、财务状况良好，用于保单理赔责任的准备金就相对比较充裕，这将直接影响意外事故发生后的给付能力。

②如果购买了分红型的投资理财类保险，保险公司的实力决定了它的盈利能力，也就决定着家庭是否可以获得分红。

**4. 填写保单并签订合同**

家庭成员在确定要购买保险时，还要对保险项目和保费进行规划，列出具体的需求清单，然后咨询保险公司或保险代理人，具体需要花费多少钱、是否存在优惠等。确认无误后，就可以提供详细资料办理手续，然后填写保单并填写合同。此时，家庭成员需要注意以下四点问题：

◆ 如果家庭选择委托保险公司代理人填写保单与合同，则必须审核代理人的合法性。在投保单上注明需要客户签字的地方，一定要亲手书写，切不可让代理人代签。

◆ 对于健康状况、财务收入等方面内容，必须要如实告知，否则保险公司有权中止保险甚至拒付保险金。

◆ 家庭在预交保费时，应该详细查看并妥善保管合同与收据发票。另外，还要特别注意保险的险种、保额以及费率等内容是否有误。

◆ 通常情况下，保单生效后10天内可以申请退保，保险费全额退回。因此，家庭成员需要特别注意这一点，切不可被忽悠，使家庭的权益受损。

### 5.2.2 购买保险的常见误区

虽然按照合理的保险规划，可以把家庭分为很多个时期，但很多工薪家庭接触到保险这个理财产品的时间短，保险观念不是很成熟，所以在认知上容易产生很多误区。只有避开这些误区，才能真正实现健康保障与家庭理财的双重目的。

◆ 误区一：配置比较单一

很多家庭认为，购买一份保险就足够了，遇到问题直接找保险公司理赔即可。其实，这种配置是非常不合理的，保险产品也分很多种类型，不同类型的保险保障侧重点不同，需要合理的配置才最有效。在资金充裕的情况下应该购买多种不同类型的保险，以确保家庭的稳定，如意外、人寿、养老以及重疾等保险的全面覆盖。

◆ 误区二：重投资轻保障

虽然很多家庭都有购买保险的意识，但是对于真正购买什么产品却弄不清楚，甚至只想购买具有收益的保险，即重理财、轻保障。其实，保险的最初定位就是保障，有了保障再进行其他配置，所以家庭一定要配置保障类的保险。

◆ 误区三：保险分配不合理

家庭成员的保险比例是一个重要问题。通常情况下，男性是家庭中经济收入的主要来源，多数男性会考虑到为妻子、孩子与老人购买保险，可能忽略了自己。其实，作为家庭主要经济来源的成员才是重点投保对象，这类成员若遭遇风险事件将对家庭造成巨大伤害，所以一个家庭的保障规划应该与收入贡献成正比。

◆ 误区四：先给孩子购买保险

通常情况下，许多家庭购买保险优先考虑孩子，其他人等有钱了再买。孩子固然重要，但家中主要劳动力发生意外后对家庭造成的财务损失和影响更高。在资金不足的情况下，应该先为大人购买健康险、寿险以及意外险等保障功能强的产品，然后是家庭中的其他人，因为劳动力可以保障家里的现金流，所以最应购买保险。

◆ 误区五：覆盖面过于狭窄

当家庭的财务能力有限时，家庭成员就会想着给某个人购买保险就行了，这种做法存在很大的漏洞。其实，宁愿根据预算给家庭中每个人配置一点，都不要把所有预算放到一个人身上。在预算实在有限的情况下，可以先做定期寿险规划，尽量考虑家庭中的所有成员，因为覆盖面广才能帮助到家庭中的每位成员。

◆ 误区六：单位买的保险足够

目前，大部分的单位都会为职工购买社保，包括养老保险、医疗保险、工伤保险、生育保险和失业保险，但这些保险只为职工提供基本生活保障，不能满足家庭风险需求，即便是将来能拿到的退休金，也不能满足高水平的生活需求。因此，家庭成员在有社保的基础上，还需要配置其他保险，使保障更加全面。

◆ 误区七：只重保费忽视保额

许多家庭在购买保险之前，会重点对保费进行考虑。其实，保额才是家庭最应关注的重点。当风险发生时，如果保额不足，根本无法起到保障作用。通常情况下，家庭的总保费应该占家庭收入的15%左右，而总保额应该为家庭负债与家庭收入合计的10倍左右。

◆ 误区八：靠保险产品规避通胀

部分保险产品会将“规避通胀风险”作为销售卖点，虽然分红险以及投连产品等保险在一定程度上可以规避通货膨胀，但是由于收益率有限，并不能规避所有风险。因为保险主要是提供保障，不是为了让家庭获取投资收益，所以家庭需要慎重考虑。

## 5.3 家庭投保注意事项

**家庭购买保险可以转移风险，为家人提供一定程度上的经济保障，确保即使遭遇变故，家庭的生活也不受影响。不过，许多家庭成员总是担心会上当受骗，既在保险上进行了投资，又没达到预期的保障家庭稳定的目的。此时，就需要了解家庭投保的一些注意事项。**

### 5.3.1 确认保险公司实力

从本质上来说，保险就是一种投保人和保险公司签订的未来风险转移协议，保险公司对投保人未来面临的由约定风险造成的损失进行补偿，而投保人为自己转移给保险公司的风险支付相应的保费。因此，选择一个好的保险公司尤为重要，想要判断一家保险公司的综合实力，可以通过以下四个要素入手：

**偿付能力。**由于被投保人的风险是无法预料的，保险人给投保人的赔偿也就发生在未来的某个时刻，而不是购买保险签订合同的当下，所以保险公司能否履约至关重要。因此，需要了解保险公司的偿付能力，即保险公司是否有雄厚的资金实力，可以通过保险公司的注册资金以及年报中的各项财务数据获得相关信息。

**成立时间。**通常情况下，一家公司经营时间越长，说明其稳定程度越高，突然破产或被收购的可能性相对较低。此时，家庭成员可以通过查看保险公司的官网网站，得知其公司的发展历程，如表5-1所示。

表5-1　常见保险公司发展历史

| 名称 | 公司全称 | 成立时间 | 注册资本（万元） | 说　　明 |
| --- | --- | --- | --- | --- |
| 中国人寿 | 中国人寿保险（集团）公司 | 1996.8 | 460 000 | 中国人寿保险（集团）公司及其子公司构成了我国最大的商业保险集团，是中国资本市场最大的机构投资者之一 |
| 中国平安 | 中国平安保险（集团）股份有限公司 | 1988.3 | 1 828 024 | 中国平安全称中国平安保险（集团）股份有限公司，是中国第一家股份制保险企业，至今已发展成为融金融保险、银行、投资等金融业务为一体的整合、紧密、多元的综合金融服务集团 |
| 太平洋保险 | 中国太平洋保险（集团）股份有限公司 | 1991.5 | 906 200 | 中国太平洋保险，是经中国人民银行批准设立的全国性股份制商业保险公司，在保险业务领域拥有领先的市场份额和举足轻重的市场地位 |

续表

| 名称 | 公司全称 | 成立时间 | 注册资本（万元） | 说　明 |
|---|---|---|---|---|
| 中国人保PICC | 中国人民保险集团股份有限公司 | 1996.8 | 4 422 399 | 中国人民保险集团股份有限公司是一家综合性保险（金融）公司，是世界上最大的保险公司之一，属中央金融企业 |
| 新华保险 | 新华人寿保险股份有限公司 | 1996.9 | 311 954 | 新华人寿保险股份有限公司是一家大型寿险企业，已成为行业领先的、具有较大品牌影响力的寿险公司之一 |
| 泰康保险 | 泰康保险集团股份有限公司 | 1996.9 | 272 919 | 泰康人寿保险股份有限公司是经中国人民银行总行批准成立的全国性、股份制人寿保险公司，总部设在北京 |
| 安邦保险 | 安邦保险集团股份有限公司 | 2004.10 | 4 153 949 | 安邦保险是一家注册资本较高的寿险公司，是中国保险行业大型集团公司之一 |
| 中国太平 | 中国太平保险集团有限责任公司 | 1982.2 | 2 526 075 | 中国太平人寿历史悠久，是中国保险市场上经营时间最长和品牌历史最悠久的中资寿险公司之一 |
| 阳光保险 | 阳光保险集团股份有限公司 | 2007.6 | 1 035 137 | 阳光保险集团股份有限公司是国内七大保险集团之一，旗下拥有财产保险、人寿保险、信用保证保险、资产管理等多家子公司 |
| 生命人寿 | 富德生命人寿保险股份有限公司 | 2002.3 | 1 175 200 | 富德生命人寿保险股份有限公司是一家国际化股份制专业寿险公司，产品涵盖医疗、养老、重大疾病、意外伤害、分红、投连、万能保险等 |

**运作经验。**拥有丰富运作经验的保险公司，可以给家庭带来最大的保障。此时，家庭成员可以考察项目投资回报与盈利能力的表现，并参考年报中公司总资产增长速度、净利润增长率以及净资产收益率等数据。

**信誉与口碑。**不管是什么类型的公司，信誉和口碑都是至关重要的，而保险公司的信誉与口碑则直接决定了其理赔速度和信用。因此，家庭成员可以通过法院、消费者协会以及银保监会等纠纷处理单位查看记录，还可以在网络中查看保险公司的资信情况，如国家企业信用信息公示系统、信用中国等。

### 5.3.2 谨慎选择保险代理人

保险代理人是指根据保险人的委托，代理其经营保险业务，并依法向保险人收取代理手续费的单位或者个人，国内通常称为保险业务员。简单而言，保险代理人就是保险公司与客户沟通的主要桥梁，起到为保险公司发展维护客户的作用。

如今，国内保险代理人的规模越来越大，专业素养也参差不齐。因此，家庭在选择保险代理人时，一定要谨慎考虑。另外，保险条款也比较复杂，非专业人士理解起来并不容易，如果遇到不合格的保险代理人，则容易被忽悠或赔付时容易产生纠纷。选择保险代理人要考虑的因素如下：

①查看保险代理人是否持有正规的《保险代理人展业证书》和工作证，从而确定其是否为合法代理人。

②判断保险代理人的业务能力，因为保险涉及的知识面很广，需要代理人以专业的水平为客户提供优质的服务。例如，保险代理人能否把险种的优缺点讲清楚，是否诚实可靠、有责任感。

③不要因为回扣或回报率来盲目选择保险代理人，这类型代理人会以产品回报高、划算等信息来误导客户，是不值得信任的。

④根据信誉与口碑来选择售后服务良好的代理人。例如，选择能向自

已及时告知保险公司的新条款和新信息，并且协助理赔的代理人。

### 5.3.3 投保时的必知项目

随着保险意识越来越深入人心，保险行业也越来越火热，不断推出新的保险产品。目前，市面上有上千种保险产品，并不是所有的保险产品都适合工薪家庭，工薪家庭需要根据自身情况选择合适的保险产品，使保险发挥其最大作用。

同时，保险条款还比较复杂，非专业人士很难弄明白，如果保险销售人员夸大或欺瞒保险内容，家庭成员就很难辨别清楚。因此，家庭成员需要仔细研究保单中的相关项目，避免出错或上当受骗，具体介绍如下：

◆ 看保险条款

保险条款是保险公司与投保人签署的保险合同的核心内容，规定着保险所包含的权利和义务。工薪家庭在买保险之前，想要准确地了解保险产品内容，就需要仔细阅读保险条款。

◆ 看保险条款中的保险责任

在阅读保险条款时，一定要详细查看合同条款中的保险责任条款，除了保险责任外，保险条款的其他各项内容基本相同。另外，责任条款主要描述保险公司在哪些情况下须理赔或如何给付保险金。

◆ 看保险产品介绍

如果实在看不懂复杂的保险条款，可以看保险产品的介绍，弄清楚后再将其与保险条款内容进行对照理解。

◆ 了解交钱和领钱

交钱和领钱也是保险的核心内容，主要包括三个方面：

第一，交多少钱，日后领取多少钱；

第二，交钱的具体时间与方式，日后领钱的具体时间与方式；

第三，领钱需要满足的条件。

◆ 找信赖的人投保

因为保险产品多种多样，也非常复杂，很多家庭可能无法在短时间内分清楚保险配置方案的好坏，最好的方式就是找信赖的人推荐保险或购买保险。

◆ 如实填写投保资料

在确定保险产品后，慎重填写投保单，不管单子上要求填何内容，都要如实填写，并亲自签名确认。否则，保险公司可以以此为依据拒绝赔付保险金。

◆ 核实保险合同内容

详细核实保险合同中的内容，主要包括五个方面：

第一，合同上填写的内容，如投保人、被保险人和受益人的姓名、身份证号码；

第二，有无公司专用章及保险公司负责人签字；

第三，合同中的保险品种与保险金额、时间、每期保费、保险期限等是否与要求相符；

第四，仔细阅读保险公司无须理赔的几种状况，购买保险后需要回避这些情况；

第五，看合同中的名词注释，是否能清晰地理解保险合同条款。

◆ 明确合同的终止方式

合同终止方式很重要，工薪家庭需要了解合同解除或终止情况的规定，即投保人或保险公司在哪些种情况下可行使合同解除权。

### 5.3.4 保险中的常见术语

保险是生活中一种常见的理财产品，但是在购买保险时，往往会遇到很多的保险术语，只有弄清楚了这些保险术语，才不会在保险的购买中吃亏。

**终身寿险**。以被保险人死亡为给付保险金条件，保险期限为终身。

**两全保险**。在保险期限内，以被保险人死亡或生存为给付保险金条件。

**年金保险**。以被保险人生存为给付保险金条件，并按约定的时间间隔分期给付生存保险金的人身保险。

**保险责任**。保险合同中约定的，保险事故发生后应由保险人承担的赔偿或给付保险金的责任。

**主险**。可单独投保的保险产品。

**附加险**。不可单独投保而必须附加在主险或基本险下，用来补充主险的保险范围的保险产品。

**责任免除**。保险合同中约定的，保险人不承担或者限制承担的责任范围。

**告知**。投保人在订立保险合同时，将与保险标的或被保险人有关的重要事实以口头或书面的形式，向保险人做陈述的行为。

**询问告知**。投保人在订立保险合同时，就保险人对保险标的或者被保险人的有关重要事实的询问，向保险人做的告知。

**累计最高给付天数**。在保险合同中约定的，保险人对被保险人单次住院给付保险金的最多天数，或者每一保单年度的最多给付天数。

**免赔期**。在保险合同中约定的某个时间段，若被保险人住院天数在该时间段内，则相关的费用支出或收入损失由被保险人自己承担；反之，保险公司则承担超出该时间段部分的费用支出或收入损失。

**现金价值。**根据保险合同的约定，保单积累的实际价值。

**保单贷款。**人寿保险中，保险人以保单现金价值作为担保向投保人提供贷款的行为。

**保险合同中止。**由于投保人在保险合同约定的宽限期内没有足额缴纳续期保费，造成的保险合同效力的丧失。

**保险合同复效。**保险合同中止后一定时间内，由投保人申请，并经保险公司同意，投保人补缴保险费及利息后保险合同效力的恢复。

**分红保险。**保险公司将其实际经营成果优于定价假设的盈余，按一定比例向投保人进行分配的一种人寿保险。

**免赔额。**在保险合同中，保险人和被保险人可以事先约定，损失额在一定限度内的，保险人可不负赔偿责任，该额度称为免赔额。

**保险合同终止。**因为某种法定或约定事由的出现，致使保险合同当事人双方的权利义务归于消灭的行为。

**意外事件。**外来的、突然的、非本意、非疾病的使被保险人身体受到伤害或财产遭受损失的客观事件。

**保险期间。**保险责任从生效时起到保险期限终止的时间区间，只有在保险期间内保险合同才有效。

**犹豫期。**投保人收到保单后 10 天内（或 15 天），如果对保险合同内容有异议，可将合同退还保险人并申请撤销，投保人不受任何损失。

**等待期。**保险合同在指定时期内，即使发生保险事故，受益人也不能获得保险赔偿，避免被投保人带病投保健康保险。

**宽限期。**自首次缴纳保险费以后，第二年自缴费日起有 60 天的宽限期。只要在宽限期内缴费保费，就不影响保险合同的效力。

# 5.4 家庭购买保险实战

刘先生是某公司管理人员，月收入 8 500 元，刘太太是某公司人事专员，月收入 4 600 元，夫妻俩在成都都有社保，有一辆价值 20 万元的汽车，属于工薪家庭，并且，两人有一个 5 岁的女儿，属于上有老下有小的家庭。于是刘先生与妻子商量后，准备为自己与家人购买商业保险，转移家庭风险，为家庭提供一定的保障。

## 5.4.1 为家庭劳动力投保

一个家庭往往有三类角色，夫妻、孩子和老人。夫妻作为家庭的中流砥柱，往往肩负着家庭经济支撑的责任，所以正常的保险规划，一般先考虑大人，后考虑小孩。因为如果大人身体健康，即使孩子有些什么问题也不会让这个家庭产生混乱。

因此，在整个家庭中，夫妻应该是最优先配置保险的角色。实际中，夫妻通常会面临两类风险，如图 5-3 所示。

由于意外或疾病没有身故，导致大量的医疗费支出，为家庭带来巨大的负担。

由于意外或疾病造成身故，不能继续承担家庭责任，导致家庭的收入明显下降。

图 5-3　夫妻会面临的风险

以上两类风险可以通过不同类型的保险产品来转移给保险公司，如何通过保险转移风险呢？即合理规划优先保障和配置顺序。

◆ 第一类：重疾险

刘先生夫妻正处于事业上升期，工作压力较大，平时没有时间锻炼身体，饮食也不是很规律，身体素质日渐下降，特别容易产生健康问题，尤其是日渐趋于年轻化的重大疾病。如果出现患重病的情况，高额的医疗费用以及由于暂停工作而减少的收入，都会让家庭瞬间陷入“缺钱”困境。因此，保险配置中必不可少的项目为重疾险，一旦出现健康问题，重疾险能够及时降低家庭风险。

◆ 第二类：医疗险

在保险领域中，重疾险和医疗险同属于健康险，二者有很多相似之处，很多家庭容易将两者混淆。其实，重疾险主要针对重疾，而医疗险可以在医疗健康方面进行补充保障。通常情况下，重疾险只是对指定的重疾与轻症进行赔付，其它不在保障范围内的疾病，如果产生了医疗开销，就可以依靠医疗险来进行报销，使保障的覆盖面更广。

◆ 第三类：意外险

意外伤害保险是人身保险业务之一，是以被保险人因遭受意外伤害造成死亡、残废为给付保险金条件的人身保险。其实，意外险是最难以预知的，可以说生活中随处可见，防不胜防。通常情况下，综合意外险包含意外身故、意外残疾、意外医疗等多方面保障，有的保险产品还会针对特定情况提供额外保障。例如，对于经常出差的家庭顶梁柱，可以购买责任范围包含交通工具意外伤害的产品，从而使外出更放心。

◆ 第四类：寿险

出于对家庭的责任，补充定期寿险很必要。因为家庭收入缺失是一项非常大的风险，除了重疾险，寿险也可以为此提供有力的保障，避免降低家庭未来的生活水平。另外，在保障的年限上，定期寿险也更加灵活，且保费也相对较低，能够发挥很好的保险杠杆作用。如果家庭的保费预算比较宽裕，还可以进一步提高家庭劳动人员的保额。

虽然在不同家庭阶段，购买保险的侧重点有所差异，但是作为家庭的顶梁柱，保障是必不可少的，这样才会让整个家庭更加安稳。

### 5.4.2 为孩子加一点保障

在孩子成长的过程中，容易受到多重风险的侵害，如意外风险、疾病风险等，风险一旦发生，往往会让家长措手不及，想要确保孩子成长道路顺风顺水，许多家庭开始有了风险意识。不过，孩子不在社保体系内，少年儿童也缺乏医疗保障，所以需要通过保险来分担孩子的风险。

孩子身体机能发育不完善，抵御疾病的能力较弱，所以孩子患病的风险较大。另外，意外伤害已被视为幼儿的一大杀手，具有发生率高、死亡率高的特点，如溺水、中毒、交通事故以及玩耍打闹致伤等，都是当前儿童意外伤害和死亡的重要因素。通常情况下，重疾险和意外险的投保年龄越小保费越便宜，给孩子投保需要掌握以下技巧：

◆ 在孩子的少儿期，容易发生的风险应该先投保，不容易发生的风险可以后投保，保险可以根据具体情况发生调整。

◆ 投保时期不用设计得太长，可以集中在孩子未成年之前，成年后孩子可以自己选择险种进行投保。

◆ 先投保障，后投教育金。为孩子购买保险，先以保障型产品为主，优先布局重疾险、医疗险与意外险等，这些险种可以在风险发生后帮助家庭转移经济危机。保障型产品布局完善后，可以选择教育金或者年金产品，这些产品不仅可以缓解家庭困难时的经济压力，还可以为孩子的将来储备资金。

◆ 在购买主险时，应同时购买豁免保费附加险。这种附加险可以在父母因某些原因无力继续缴纳保费时，继续对孩子起到保障作用。

◆ 婴儿的先天性疾病保障，可以通过单独的母婴保险或含有生育保险的综合类女性险来获得保险。

### 5.4.3 选择最经济实惠的车险

车险，即机动车辆保险，是指保险公司对机动车辆由于自然灾害或意外事故所造成的人身伤亡或财产损失负赔偿责任的一种商业保险。其中，车险分为基本险种和附加险种两个大类别，基本险种又分为交强险、第三者责任险和车辆损失险；附加险不可独立投保，包含车上责任险、无过失责任险、车辆停驶损失险、全车盗抢险、车载货物掉落责任险、玻璃单独破碎险、不计免赔险和自燃损失险等，具体介绍如下：

**交强险。**全称为机动车交通事故责任强制保险，是由保险公司对被保险机动车发生道路交通事故造成受害人（不包括本车人员和被保险人）的人身伤亡、财产损失，在责任限额内予以赔偿的强制性责任保险。

**第三者责任险。**指被保险人或其允许的驾驶人员在使用保险车辆过程中发生意外事故，致使第三者遭受人身伤亡或财产直接损毁，依法应当由被保险人承担的经济责任，保险公司负责赔偿。

**车辆损失险。**保险公司负责赔偿由于自然灾害或意外事故造成的车辆自身的损失，若不购买这种保险，车辆碰撞后的修理费用得全部自己承担。

**车上责任险。**指在发生意外情况下，保险公司对司机座位的人员和乘客的人身安全进行赔偿。

**无过失责任险。**投保车辆在使用过程中，因与非机动车辆、行人发生交通事故，造成对方人员伤亡和财产直接损毁，保险车辆一方无过失，且被保险人拒绝赔偿未果，对被保险人已经支付给对方而无法追回的费用，保险公司负责给予赔偿。

**车辆停驶损失险**。投保车辆在使用过程中，发生保险事故造成车辆损坏，因停驶而产生的损失由保险公司负责赔偿。

**全车盗抢险**。保险公司负责赔偿保险车辆因被盗窃、被抢劫、被抢夺造成的车辆损失，以及其间由于车辆损坏或车上零部件、附属设备丢失所造成的损失。

**车载货物掉落责任险**。保险公司承担保险车辆在使用过程中，所载货物从车上掉下来造成第三者遭受人身伤亡或财产的直接损毁而产生的经济赔偿责任。

**玻璃单独破碎险**。车辆在停放或使用过程中，其他部分没有损坏，仅挡风玻璃单独破碎，挡风玻璃的损失由保险公司赔偿。

**不计免赔险**。是指经特别约定，发生意外事故后，按照对应投保的主险条款规定的免赔率计算的、应当由被保险人自行承担的免赔金额部分，保险公司会在责任限额内负责赔偿。

**自燃损失险**。保险公司对保险车辆在使用过程因本车电器、线路、供油系统发生故障或运载货物自身原因起火燃烧给车辆造成的损失进行赔偿。

车险的种类繁多，各类险种也都有着不同作用，第一次买车的家庭都会选择购买全险，后来发现有的保险根本用不上。那么，如何花最少的钱买最有用的车险呢？下面几种车险是必须购买的：

◆ 交强险：法律规定必须购买

交强险的保费全国统一，只是根据车型有所调整。例如，6座以下家用车第一年缴纳950元，第二年缴纳855元，第三年缴纳760元。不管投保车辆在事故中是否有责任，保险公司都会根据保险条例进行赔付，目的是维护行人的人身及财产安全以及非机动车的财产安全。

◆ 车辆损失险：最大限度地降低经济损失

购买交强险的目的是保护对方，而购买车辆损失险的目的是保护自己。不管汽车驾驶员的技术有多么娴熟，都建议购买车辆损失险，可以为家庭省下不少修车费用。

◆ 第三者责任险：保费较低赔付较高

目前，第三者责任险的赔付额度有很多档次，常见的有5万元、10万元、15万元、20万元、30万元、50万元、100万元及100万元以上等额度。大部分情况下，车主都会选择购买赔付额度在50万元或100万元的第三者责任险，虽然保险金额只差几百元钱，但赔付金额却差别巨大。

◆ 不计免赔险：性价比相对较高

不能单独购买，需要依附车辆损失险或者第三者责任险才可以购买，搭配这两种车险购买，就可以将自己的损失降到最低。例如，投保车辆在事故中占全责，保险公司可能只赔付70%，而另外30%免赔的需要车主自行负责，如果购买了不计免赔险，就全部由保险公司赔付。

## 5.4.4 为家庭主要资产投保

由于家庭成员无法预料未来的风险，所以，对于一些贵重物品，家庭成员可以选择为它们投保一份家庭财产保险。家庭财产保险，简称家财险，凡存放、坐落在保险单列明的地址，属于被保险人自有的家庭财产，都可以向保险人投保家庭财产保险。家财险的保费比较低，保额却很高，是一款性价比很高的保险。

家财险的保障范围有自有居住房屋、室内装修、装饰及附属设施，以及室内家庭财产如服装、家具、家用电器、文化娱乐用品等。不过，保险公司也会对部分财产不予以承保，这部分不予承你的财产通常有以下五类：

- 日常生活所需的日用消费品，如食品、粮食、烟酒以及化妆品等。
- 损失发生后无法确定具体价值的财产，如货币、票证、有价证券、邮票以及文件等。
- 法律规定不容许个人收藏、保管或拥有的财产，如枪支、毒品、爆炸物品等。
- 处于危险状态下的财产，如危房。
- 保险公司从风险管理的需要出发，声明不予承保的财产。

家庭在购买家财险时，需要根据家庭的实际情况进行选择，即依照家庭财产的实际价值投保，不要不足额投保或超额投保，按需投保才能获得等同的赔偿价值且不会造成浪费。

家财险属于简易险种，投保前不需要投保人提供房屋价值证明、产品购买发票等依据，投保人根据家庭财产的实际价值按需投保。另外，家财险合同规定，被保险人投保家财险后仍有维护财产安全的义务，即发生自然灾害或意外事故，被保险人需要迅速采取有效措施进行施救，将家庭财产的损失降到最低。

# 债券与基金投资，保守型家庭理财首选

在工薪家庭的资产配置中，债券和基金所占的比例较大，这主要是因为债券与基金的较高获利性与相对较低的风险性。对于风险爱好偏低，同时又能承担一定风险的家庭而言，债券与基金就是不错的选择。

## 6.1 家庭债券投资必读

**从理财的角度来看，除了银行储蓄外，债券也是比较稳定的投资工具。如果工薪家庭觉得银行储蓄利率较低，可以考虑债券投资。不过，很多家庭对债券投资并不清楚，因此在投资债券之前需要对其进行一个系统的了解。**

### 6.1.1 债券的含义和特征

债券是政府、金融机构、工商企业等机构在直接向社会筹集资金时，向投资者发行的，承诺按一定利率支付利息并按约定条件偿还本金的债权债务凭证，如图 6-1 所示。

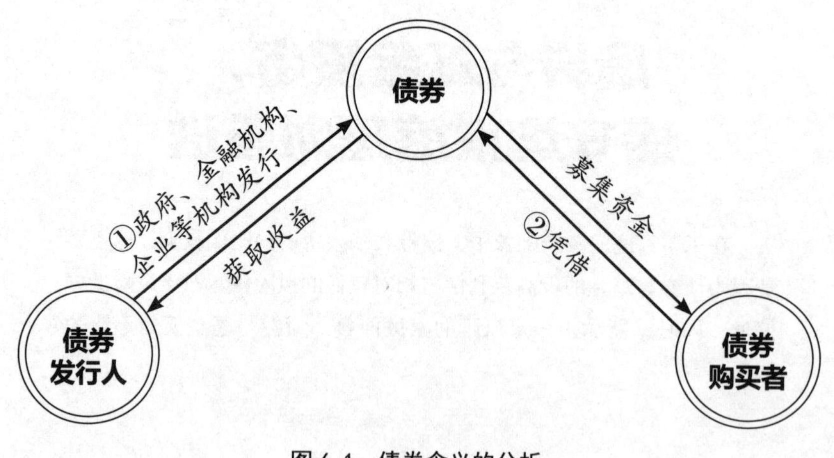


图 6-1 债券含义的分析

债券的本质是债权与债务的证明书，发行后具有法律效力。债券购买者与发行者之间是一种债权债务关系，债券发行人即债务人，投资者（或债券持有人）即债权人。虽然债券在市面上种类繁多，但在内容上都要包含一些基本的要素，这些要素是指发行的债券上必须载明的基本内容，明确了双方权利与义务。

**债券面值。**指债券的票面价值，即发行人对债券持有人在债券到期后应偿还的本金数额，是企业向债券持有人按期支付利息的计算依据。债券面值与债券实际发行价格可以不同，发行价格大于面值称为溢价发行，小于面值称为折价发行，等于面值称为平价发行。

**偿还期。**指债券上载明的偿还债券本金的期限，即从债券发行日至到期日之间的时间间隔。

**付息期。**指发行债券后支付利息的时间，可以是到期一次支付，也可以 1 年、半年或者 3 个月支付一次。

**票面利率。**指债券利息与债券面值的比率，是发行人承诺以后一定时期支付给债券持有人报酬的计算标准。

**发行人名称。**指明债券的债务主体，为债权人到期追回本金和利息提供依据。通常情况下，发行人名称依据发行主体的不同而不同，并且会在票面上注明 ×× 银行债券、×× 公司债券或 ×× 企业债券。

债券是一种虚拟资本，而非真实资本，作为一种重要的融资手段和金融工具，债券具有如表 6–1 所示的特征。

**表 6–1　债券的特征**

| 特征名称 | 说　　明 |
| --- | --- |
| 偿还性 | 债券有规定的偿还期限，发行人必须按期向债权人支付利息和偿还本金 |

续表

| 特征名称 | 说　　明 |
| --- | --- |
| 流动性 | 债券持有人可按需要和市场的实际状况，灵活地转让债券，以便提前收回本金和实现收益 |
| 安全性 | 债券持有人的利益比较稳定，不会随发行人经营收益的变动而变动，还可按期收回本金 |
| 收益性 | 债券能为投资者带来收益，投资者还可以利用债券价格的变动，买卖债券赚取差额 |

## 6.1.2　了解债券的种类

“债券”不是一个可以直接用于投资的产品，而是具有多个分类的总称，按照不同的划分方式，债券可分为不同种类，如表 6–2 所示。

表 6–2　债券的分类

| 分类方式 | 债券名称 | 说　　明 |
| --- | --- | --- |
| 按照发行主体划分 | 政府债券 | 政府为筹集资金而发行的债券，主要包括国债、地方政府债券等，其中最为主要的是国债 |
| | 金融债券 | 由银行和非银行金融机构发行的债券 |
| | 公司（企业）债券 | 在国外统称为公司债，没有企业债和公司债的划分。在国内，企业债券是按照《企业债券管理条例》规定发行与交易、由国家发展与改革委员会监督管理的债券。实际上，其发债主体为中央政府部门所属机构、国有独资企业或国有控股企业，因此它在很大程度上体现了政府信用 |
| 按财产担保划分 | 抵押债券 | 以企业财产作为担保的债券，按抵押品的不同又可以分为一般抵押债券、不动产抵押债券、动产抵押债券和证券信托抵押债券 |
| | 信用债券 | 不以任何公司财产作为担保，完全凭信用发行的债券。其中，政府债券就属于此类债券 |

续表

| 分类方式 | 债券名称 | 说　明 |
| --- | --- | --- |
| 按债券形态划分 | 实物债券 | 是一种具有标准格式实物券面的债券，与无实物债券相对应。简单而言，就是发给债券持有人的债券是纸质的而非电脑里的数字 |
| | 凭证式债券 | 指国家采取不印刷实物券，而用填制“国库券收款凭证”的方式发行的国债 |
| | 记账式债券 | 指没有实物形态的票券，以电脑记账方式记录债权，通过证券交易所的交易系统发行和交易 |
| 按是否可转换划分 | 可转换债券 | 指在特定时期内可以按某一固定的比例转换成普通股的债券，它具有债务与权益双重属性，属于一种混合性筹资方式 |
| | 不可转换债券 | 又称为普通债券，是指不能转换为普通股的债券。由于不可转换债券没有赋予债券持有人将来成为公司股东的权利，所以利率通常高于可转换债券 |
| 按付息的方式划分 | 零息债券 | 也叫贴现债券，是指债券券面上不附有息票，在票面上不规定利率，发行时按规定的折扣率，以低于债券面值的价格发行，到期按面值支付本息的债券 |
| | 定息债券 | 将利率印在票面上按期向债券持有人支付利息的债券 |
| | 浮息债券 | 该债券的息票率随市场利率的变动而调整 |
| 按能否提前偿还划分 | 可赎回债券 | 指在债券到期前，发行人可以以事先约定的赎回价格收回的债券 |
| | 不可赎回债券 | 指不能在债券到期前收回的债券 |

### 6.1.3 债券的购买途径

随着经济水平的提高，债券投资已经走进了工薪家庭的生活中，但仍然有许多家庭对债券的购买途径不清楚，认为银行柜台才是购买债券的唯一通道。其实，购买债券的途径有很多，具体介绍如下：

◆ 交易所：国债、企业债、公司债以及可转债等

在交易所债市流通的债券有记账式国债、企业债、公司债和可转债，交易所支持个人的债券买卖，只要带上个人身份证在证券公司的营业部开设债券账户，然后开通银行的第三方存管业务，就可以在证券公司的客户端上操作买卖债券，并实现债券的差价交易。

在交易所买卖债券的交易成本较低，不仅免征印花税，交易佣金也大幅下调。不过，除了国债以外，其他债券的利息所得需要缴纳20%的所得税，该税款将由证券交易所在每笔交易最终完成后代为扣除。

◆ 银行柜台：储蓄式国债

银行间债券市场，包括债券回购和现券买卖两种，主要是为银行间的交易提供方便，是债券交易的主要市场，属于大宗交易市场，个人无法参与。

目前，银行柜台债券市场只提供凭证式国债，该品种不具备流动性，面向个人投资者发售，主要具有储蓄功能。当投资者持有的国债到期，即可获取票面利息的收入。不过，有的银行会为投资者提供凭证式国债的质押贷款，使之具有一定的流动性。

想要购买凭证式国债，只需要持本人有效身份证件，就能在银行柜台办理开户，并在该银行开立人民币结算账户作为国债账户的资金账户，用以结算兑付本金和利息。开立只用于储蓄国债的个人国债托管账户，不收取账户开户费和维护费用，收益也免征利息税。

◆ 委托理财：次级债、企业短期融资券等高收益产品

除了国债和金融债外，几乎所有债市品种都在银行间债券市场流通，如次级债、企业短期融资券、商业银行普通金融债和外币债券等。虽然这些债券具有较高收益，但是个人投资者无法直接购买，只能通过委托理财的方式来进行投资。

**理财贴示** *银行间债券市场*

银行间债券市场是商业银行、农村信用合作联社、保险公司、证券公司等金融机构进行债券买卖和回购的市场，发行的债券品种较多，如国债、政策性金融债、企业债、短融以及超短融等。目前，银行间债券市场是我国债券市场的主体部分。

### 6.1.4 确认债券的收益

许多家庭在初次接触债券时，首先想要弄清楚的问题大概就是债券到底能不能赚钱。此时，就需要掌握债券收益的计算方法。

#### 1. 债券利率

债券利率是政府、银行以及企业等债券发行人在发行债券时，对债券购买者所支付的利率。其中，债券利率分为票面利率、市场利率和实际利率三种情况，通常年利率用百分数表示。

票面利率 = 利息 / 票面价值

市场利率 = 利息 / 市场价值

实际利率 = 利息 / [ 市场价值 +（购买价值 − 票面价值）]

通常情况下，债券利率为年利率，面值与利率相乘便可得出年利息，即债券利率直接影响到债券的收益。

#### 2. 债券期限

债券期限是指债券发行时约定的债券还本年限，债券的发行人到期必须偿还本金。债券按期限的长短可分为三种情况，即长期债券、中期债券和短期债券。其中，长期债券期限在10年以上，中期债券通常为3～5年，短期债券期限通常在1年以内。

债券的期限越长会使得投资者资金周转越慢，遇到银行利率调整还可能影响到投资收益。另外，时间过长，不确定因素就会增多，即债券的投资风险就会增加。因此，为了使投资者获取与风险相对应的收益，长期债券的利率通常比短期债券的利率高。

### 3. 计算债券收益率

为了精确衡量债券收益，通常可以使用债券收益率来进行衡量，债券收益率是债券收益与其投入本金的比率，通常用年利率表示。不过，影响债券收益率的因素有很多，在不同的情况下债券收益率的公式会发生变化。

①基本公式

债券收益率＝（到期本息之和－发行价格）/（发行价格×偿还期限）×100%

②债券偿还期内转让债券公式

债券出售者的收益率＝(买入价格－发行价格＋持有期间的利息)/(发行价格×持有年限）×100%

债券购买者的收益率＝（到期本息之和－买入价格）/（买入价格×剩余期限）×100%

③根据持有情况的不同，其计算方法又有一定差异。

认购到期收益率＝（年利息收入＋面额－发行价格）/（偿还期限×发行价格）×100%

持有到期收益率＝（年利息收入＋面值－购买价）/距离到期的年数×购买价）×100%

持有期间收益率 =（年利息收入 + 卖出价格 − 买入价格）/ 持有期年数 × 买入价）×100%

### 6.1.5 债券的投资风险

债券具有比较稳定的收益，很适合稳健保守的家庭进行投资。不过，作为理财产品，购买债券也存在一定的风险。

**利率风险。**市场利率变动导致债券价格与收益发生变动的风险，大多数债券有固定的利率及偿还价格，市场利率波动将引起债券价格反方向变化。另外，利率风险与债券持有期限的长短有关，期限越长，利率风险就越大。

**政策风险。**当国家或地方政府的经济政策变化时，会导致债券价格发生波动，投资者也会面临风险。例如，投资者购买免税的政府债券，就面临着利息税下调的风险。

**变现能力风险。**债券持有人打算出售债券获取现金时，所持有债券不能按当前合理的市场价格在短期内出售而出现风险。因此，投资者应尽量选择交易活跃的债券。

**违约风险。**债券发行人不能履行合约规定的义务，无法按期支付利息和偿还本金而产生的风险，通常会在企业营运成绩、财务状况较差时出现。此时，投资者需要仔细了解公司的情况，避免投资经营状况不佳的企业债券。

**购买力风险。**由于通货膨胀而使债券在到期或出售时，所获得的现金的购买力下降，从而使投资者的实际收益低于名义收益的风险。此时，投资者可以采取分散风险的策略，选择多种投资方式，使购买力下降带来的风险能被某些较高的投资收益所弥补。

## 6.2 实用的债券投资操作

**债券投资是一门很深奥的学问，完全掌握它不仅依赖于投资者知识面的拓展和经验的积累，还要求投资者具备债券投资的策略和技巧，只有这样才能使家庭通过债券投资获取不错收益。**

### 6.2.1 国债投资面面观

风险承受力较低的家庭比较倾向于稳定的投资，这类家庭的投资策略是在确保手中资金安全的条件下实现资金的增值。除了将资金存到银行外，现在很多家庭还愿意用其购买国债，国债是由国家发行的债券，具有很高的信用度，且比银行存款利率更高。

从债券的形式上而言，可以将国债分为三种，分别是记账式国债、凭证式国债和储蓄国债；从资金使用范围而言，国债还可以分为定向国债、特别国债和专项国债三种类型，如表 6-3 所示。

表 6-3 国债的分类

| 分类方式 | 类　型 | 说　明 |
| --- | --- | --- |
| 按国债形式 | 凭证式国债 | 通过填制“国库券收款凭证”的方式发行的国债，是以储蓄为目的的理想的投资方式。不能上市交易，但可提前兑取，变现灵活 |
| | 记账式国债 | 以记账形式记录债权，然后通过证券交易所的交易系统发行和交易，可以记名与挂失，属于无纸化国债，成本较低，针对金融意识较强者的资产保值、增值的需要而设计 |

续表

| 分类方式 | 类　型 | 说　明 |
|---|---|---|
| 按国债形式 | 储蓄国债 | 也称电子式国债，是政府面向个人投资者发行，并以吸收个人储蓄资金为目的，满足长期储蓄性投资需求的不可流通的记名国债品种。该类国债的品种更丰富，购买便捷，利率更灵活 |
| 按资金使用范围 | 定向国债 | 为加强社会保险基金的投资管理，由财政部采取主要向养老保险基金、待业保险基金及其他社会保险基金定向募集的债券 |
| | 特别国债 | 为了筹集资金，用于补充国有独资商业银行资本金，财政部向四大国有商业银行发行了特别国债 |
| | 专项国债 | 财政部于 1998 年向中国工商银行、中国农业银行、中国银行和中国建设银行发行了 1 000亿、年利率5.5%的 10 年期附息国债，专项用于国民经济和社会发展急需的基础设施投入 |

由于记账式国债主要在二级市场上进行买卖，通过差价赚取收益。不过，收益往往与风险并存，对于普通家庭而言，如果在到期前将国债卖出，价差损失大于利息收益时，就会损失一定比例的本金。

**案例实操**

### 记账式国债提前卖出的收益计算方法

陈先生家里以 100 元的买入价，投资了 5 万元的 3 年期记账式国债。当前，该国债的年收益率为 4%。

在持有该债券 100 天后，陈先生以 101 元的价格将其卖出。此时，他获得的价差收益为：（101 － 100）÷100×50 000 ＝ 500 元。同时，陈先生在持有该债券期间还会获得一定比例的利息，其利息的收益为：50 000×（100÷365×4%）＝ 547.95 元。

那么陈先生持有3年期记账式国债的100天中，最终可以获得的收益为：500+547.95=1047.95 元。

### 6.2.2 公司债的投资方法

公司债是指公司依照法定程序发行，在约定期限内还本付息的有价证券，通常由公司发行，特别是股份制有限公司。

1. 公司债的定义和品种

简单而言，公司债表明了发行债券的公司和债券投资者之间的债权和债务关系。其中，公司债的持有人是公司的债权人，而不是公司的所有人，持有人按约定条件在公司获得利息和收回本金，不得参与公司的经营管理。

从理论上来说，公司债不是一件商品或者物品，它是能够证明经济权益的法律凭证。公式债券是有价的，即代表着一定的经济价值，同时也说明它能转让，可以作为带有金融性质的流通工具。当然，高收益往往伴随着高风险，公司债的利率高于国债与政府债，所以风险也会加大。其中，公司债按照不同的标准可以分为很多种类，具体介绍如下：

**按照期限分类。**可分为短期公司债券、中期公司债券和长期公司债券，短期公司债券期限在 1 年以内，中期公司债券期限在 1 年以上 5 年以内，长期公司债券期限在 5 年以上。

**按是否记名分类。**可分为记名企业债券和不记名企业债券。若公司债券上登记有债券持有人的姓名，投资者领取利息时要凭印章或其他有效的身份证明，转让时要在债券上签名，同时还要到发行公司登记，即为记名公司债券。反之，则为不记名公司债券。

**按债券有无担保分类。**可分为信用债券和担保债券。信用债券指仅凭筹资人的信用发行、没有担保的债券，适用于信用等级高的债券发行人；而担保债券是指以抵押、质押、保证等方式发行的债券。

**按债券可否提前赎回分类。**可分为可提前赎回债券和不可提前赎回债券。若公司在债券到期前有权定期或随时购回全部或部分债券，则为可提前赎回公司债券；反之，则是不可提前赎回公司债券。

**按债券票面利率变动分类。**可分为固定利率债券、浮动利率债券和累进利率债券。固定利率债券指在偿还期内利率固定不变的债券；浮动利率债券指票面利率随市场利率定期变动的债券；累进利率债券指随着债券期限的增加，利率累进的债券。

**按是否给予投资者选择权分类。**可分为附有选择权的公司债券和不附有选择权的公司债券。附有选择权的公司债券指债券发行人给予债券持有人一定的选择权，如可转换公司债券、有认股权证的公司债券等；反之，债券持有人没有上述选择权的债券，即为不附有选择权的企业债券。

**按发行方式分类。**可分为公募债券和私募债券。公募债券指按法定手续经证券主管部门批准公开向社会投资者发行的债券；私募债券指以特定少数投资者为对象发行的债券，发行手续简单，通常不能公开上市交易。

### 2. 投资可转换公司债券

可转债券是指能在一定条件下转换成股票的债券，但它比股票更加稳定，因为它有本金的保证。当股票指数上涨时，可转债券的价格随之上涨；当股票指数下跌时，因有债底保护，可转债券的下跌幅度有限，体现出了债券稳定的特性。当然，可转换债券的风险除了公司偿债和利率变化风险外，还受股票市场和公司本身经营的影响。所以，工薪家庭在投资可转债券时，需要注意以下要点。

**可转换债券的面值。**转换比率 = 债券面值 / 转换价格，转换价格通常是确定好的，随着增发、配股的出现，转股价格会发生变化。此时，计算出来的转换比率，即每张可转换债券能够转换多少股份。

**可转换的价值。**可转换价值 = 可转换股 × 当前股价，与持有可转换债券的每张成本比较，若可转换价值大于每张成本，则可实施转换；若小于每张成本，则放弃转换。值越大，则可转换债券转换后的收益越多。

**可转换股的溢价率。**溢价率 =（可转换债券每张价格 − 可转换价值）/ 可转换债券每张价格，当可转换价值小于当前可转换债券的每张价格，就说明当前每张价格存在着溢价，而溢价率越高，则越不适宜转股。

### 6.2.3 债券的投资策略

对工薪家庭而言，即便是选择了债券投资，也并不意味着一定能够获得收益。债券投资获取收益，主要来自两个方面，即固定利息与二级市场买卖的差价。其中，通过二级市场买卖获取的差价是主要收益来源。

#### 1. 债券的投资方法

当然，选择不同的债券品种，抓住债券的买卖时机，可以让收益更高，下面介绍一些债券的投资方法。

**期限梯形法。**将家庭中的资金分散投资在不同期限的债券上，手里经常保持短期、中期、长期的债券。不管什么时候，总会有一部分债券即将到期，到期后又将资金投入最长期限的债券。

**等额投资法。**为了使债券的投资结构保持平衡，投资者可以等额购买不同期限的短期、中期与长期债券。

**哑铃投资法。**重点投资期限较短的债券和期限较长的债券，弱化中期债的投资。因为短债收益率低但流动性好，长债收益率高，但流动性差，相互之间进行弥补。

**种类分散法。**不要把家庭中的所有资金用于购买一种债券，而是分散投资于多种债券，如国债、企业债券、金融债券等，因为各种债券的收益和风险都不同。

2. 债券投资产品的选择

目前，在市场中有很多债券产品，工薪家庭在购买债券之前，需要弄清楚哪些债券产品比较适合自己，从而在风险中获得收益。

◆ 首选债券基金

债券基金是指专门针对债券进行投资的基金，主要是将众多投资者的资金集中起来，对债券进行组合投资，然后获取稳定的收益。通常情况下，债券基金将 80% 以上的基金资产投资于国债、公司债等，收益稳定，风险低于股票。

许多家庭可能觉得疑惑，为什么不直接投资债券呢？因为投资债券基金可以购买到更多的债券。当家庭投资了债券基金，就可以买到较高利率的国债、公司债与金融债等，从而获得更高的收益。

◆ 次选国债

从资金流动性的角度而言，投资国债会比储蓄更有利一些。在特殊情况下，投资者需要提前赎回国债时，则按持有的有限期分段计算利息。而在银行的定期存款，如果提前支取，则只能按照活期的利息进行计算。虽然国债和同期银行定存的利率差别不大，但投资者购买国债，相当于没有利率风险，而锁定了未来 3 年或 5 年的收益率。

因此，国债比较适合三类家庭投资，分别是风险承受能力偏低、年龄偏大和没时间关注投资理财产品的家庭。

◆ 后选可转债券

可转换债券具有债券和股票的双重属性，投资者可以持有债券到期获取债券本息，也可以在约定的时间内转换成股票享受资本增值。简单而言，可转换债券是在发行公司债券的基础上，附加了一份期权。持有人可在规定的时间范围内，将持有的可转换债券转换为指定的公司股票。因此，对于工薪家庭而言，可选择一些低于股票价格的可转换债券进行投资。

## 6.3 家庭基金投资必读

**对于才接触到理财的家庭而言，可能对风险的应对能力还不够，所以应当规避风险过高的投资。此时，可以选择一种比较稳定的理财产品，那就是基金。基金产品的种类繁多，投资方式也很多，能覆盖各种风险偏好的投资者，工薪家庭想要在投资中获得更稳定的收益，就得对它们进行了解。**

### 6.3.1 基金的含义和品种

从广义上来说，基金是指为了某种目的而设立的具有一定数量的资金，如信托投资基金、公积金、保险基金以及退休基金等。而投资者常说的基金，主要是指证券投资基金；从狭义上来说，基金是指具有特定目的和用途的资金，也就是投资者经常说到的基金，即证券投资基金。

基金管理公司通过发行基金单位，将投资者的资金集合起来，然后由基金托管人托管，并由基金管理人管理和运用资金，基金管理人可以将资金用于股票、债券等金融产品的投资上，并由投资者和基金管理人共同承担投资风险和收益。当然，基金不仅可以用于投资证券，还可以用来投资企业和项目。

基金的种类有很多，可以按照不同的方式进行分类，如根据基金形式的不同、根据投资对象的不同、根据组织形态的不同以及根据收益和风险综合对比的不同等，下面来介绍两种常见的基金分类方式：

◆ 根据不同的基金形式划分

根据不同的基金形式，可将基金分为开放式和封闭式两种基金。

开放式基金是指基金发起人在设立基金时，基金单位或股份总规模不固定，根据市场需求随时向投资者出售基金单位或者股份，并可以应投资者要求赎回发行在外的基金单位或股份的一种基金运作方式；封闭式基金是指基金发起人在设立基金时，股份或基金单位的总规模受到了限制，当资金筹备完成后，基金宣告成立并进行封闭，在一定时期内不再接受新的投资。

◆ 根据不同的投资对象划分

根据投资对象的不同，可将基金分为股票型、债券型、货币型以及期货型等基金。

股票型基金主要以股票为投资对象，风险比股票略低，但依然属于较高风险的产品，适合激进型家庭；债券型基金主要以国债或金融债等固定收益类金融工具为投资对象，具有较低的风险，适合稳健型家庭投资。

货币型基金主要以债券、央行票据等安全性较高的短期金融品种为投资对象，具有银行活期产品的基本特征，风险低且收益低，适合看重本金保障的保守型家庭；期货型基金主要以期货为投资对象，风险和收益与期货市场紧密相关，购买时需要缴纳保证金，若预测准确，短期能够获得很高的投资回报，反之则遭受较大损失，所以属于风险较高的投资产品，适合激进型家庭。

## 6.3.2 购买基金的流程

了解了基金的基本情况后，就可以进一步了解如何购买基金了。目前，购买基金的渠道很多，常见的有银行、证券交易所与基金公司，以封闭式基金与开放式基金为例，具体购买流程如图 6-2 所示。

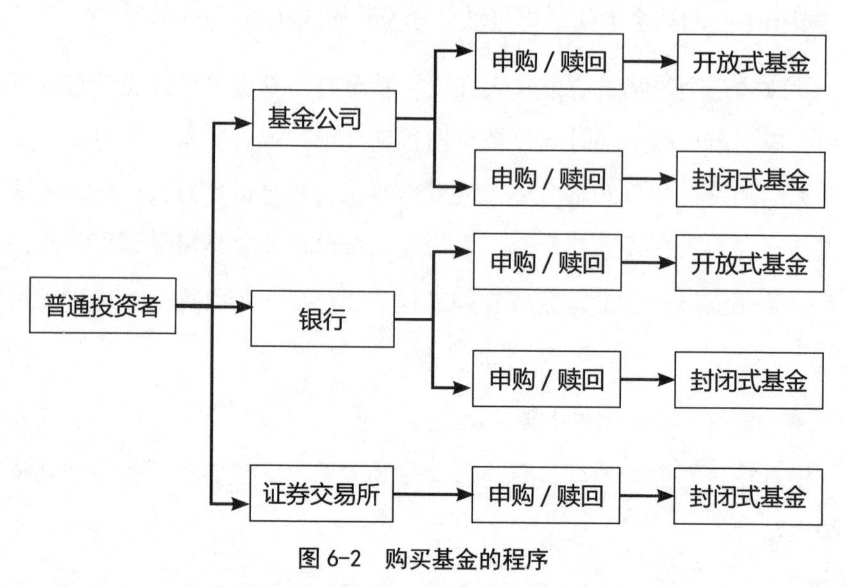


图 6-2 购买基金的程序

从图中可看出，家庭想要投资封闭式基金与开放式基金，可以通过银行、基金公司和证券交易所进行申购与赎回。另外，封闭式基金还可以通过证券交易市场进行买卖。其中，去银行办理基金业务时，投资者只能选择该银行代理的基金；而去基金公司办理业务，投资者则只能选择该基金公司管理的基金。

购买基金时，通常会缴纳一定的费用。封闭式基金首次申购与买卖时会产生费用，开放式基金不仅在申购和赎回时会产生费用，在基金运作时也会产生一系列的费用，如表 6-4 所示。

表 6-4 封闭式基金与开放式基金产生的费用

| 费用名称 | 封闭式基金 | 开放式基金 |
|---|---|---|
| 申购费 | 无 | 不得超过申购金额的 5% |
| 赎回费 | 无 | 不得超过赎回金额的 3% |
| 基金管理费 | 基金管理人管理基金资产所收取的费用，一般是 0.3% ~ 1.5% | |
| 基金托管费 | 一般为基金资产的 0.25% | |
| 认购手续费 | 无 | 不得高于申购金额的 1.5% |
| 交易佣金 | 不超过买卖成交金额的 0.25% | 无 |
| 印花税 | 无 | 无 |

## 6.3.3 基金的收益计算

家庭进行投资的目的就是为了获取收益，所以在投资基金之前，可以先对基金的收益进行计算。如今，在很多基金公司的官方网站上就可以对基金的收益进行计算，例如华夏基金。

**案例实操**

### 在华夏基金网中计算基金收益

进入华夏基金官方网站（http://www.chinaamc.com/），在首页面左侧导航栏中单击“收益计算器”超链接。在打开的基金工具页面左侧中，单击“网上交易认申购费用计算”超链接，如图 6-3 所示。

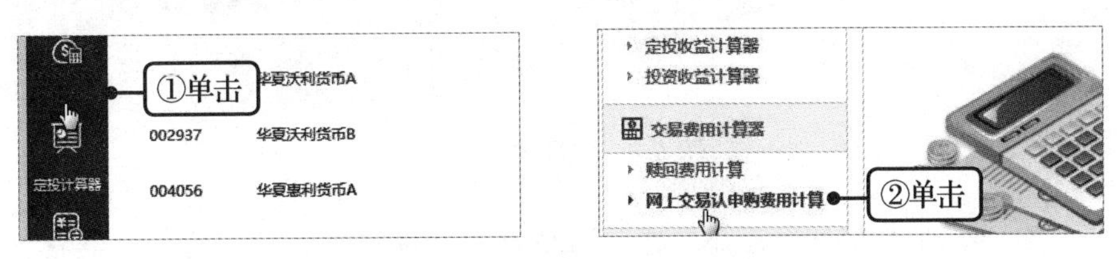


图 6-3 进入基金工具页面中

在打开的交易费用计算器中，依次设置基金名称、支付渠道、交易类型、交易金额、日期以及单位基金净值，然后单击“计算”按钮，即可计算出预估交易份额、预估交易费用以及费率等，如图 6–4 所示。

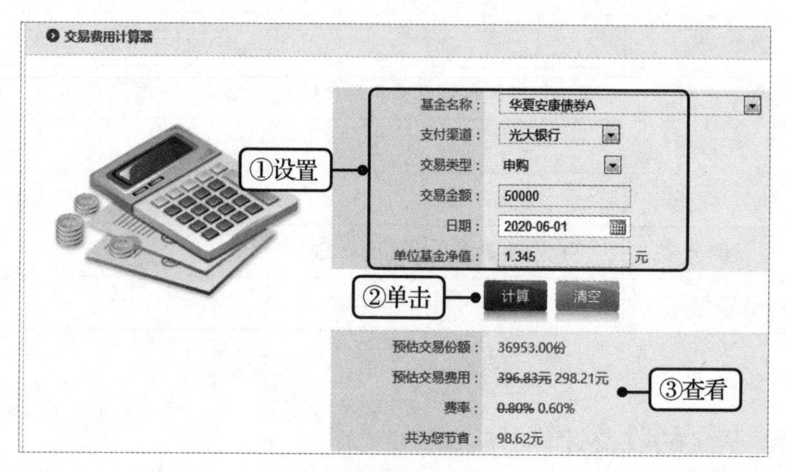


图 6–4 申购费用计算

在左侧的“交易费用计算器”栏中单击“赎回费用计算”超链接，在打开的赎回单位计算器中，依次设置赎回份额、基金名称、日期、单位基金净值和赎回费率，单击“计算”按钮，即可查看到计算出来的手续费和成交金额，如图 6–5 所示。

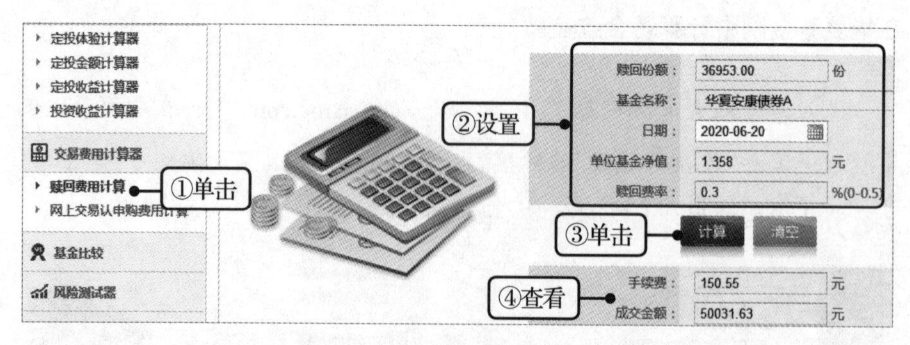


图 6–5 赎回费用计算

在左侧的“基金收益计算器”栏中单击“投资收益计算器”超链接，

依次设置申购费率、申购金额、分红总额、赎回费率、申购单位净值和赎回单位净值，然后单击“计算”按钮，即可在页面下方查看到盈亏额、收益率、申购费用、赎回费用、申购份额和赎回金额，如图 6–6 所示。

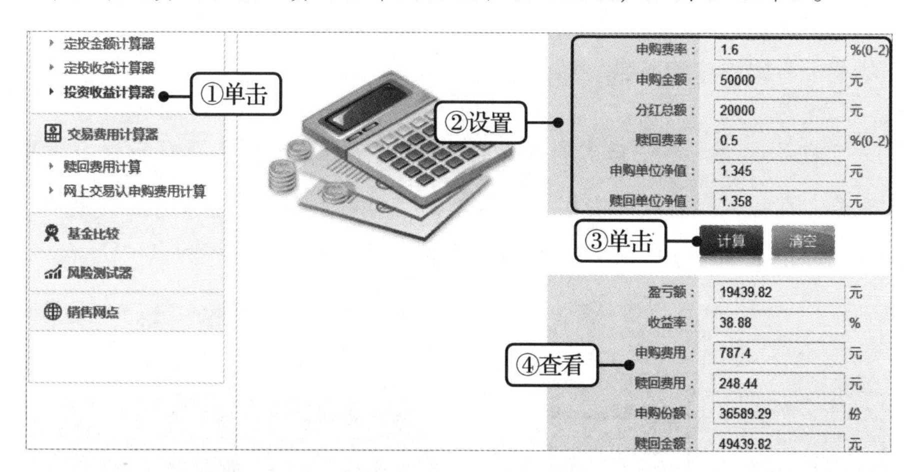


图 6–6　投资收益计算

## 6.4 基金投资操作与策略

对于需要投资基金的家庭而言，可能最大的困惑就是如何投资一只适合自己的基金，以便让家庭财富得到快速增长。此时，需要掌握基金的投资操作与策略，这将直接决定家庭未来的收益。

### 6.4.1 基金的申购

如果工薪家庭想要申购基金，可以通过开户基金公司的网络平台来操作。首先对该基金公司推出的各类基金产品进行了解，然后通过网络平台申购选择好的基金产品即可，例如华泰证券。

**案例实操**

## 在华泰证券网中申购基金

下载并安装华泰证券客户端，运行该软件，在用户登录界面中依次输入账号、交易密码和通讯密码，然后单击“确定”按钮。进入到主界面中，在菜单栏中单击“买”按钮，如图 6-7 所示。

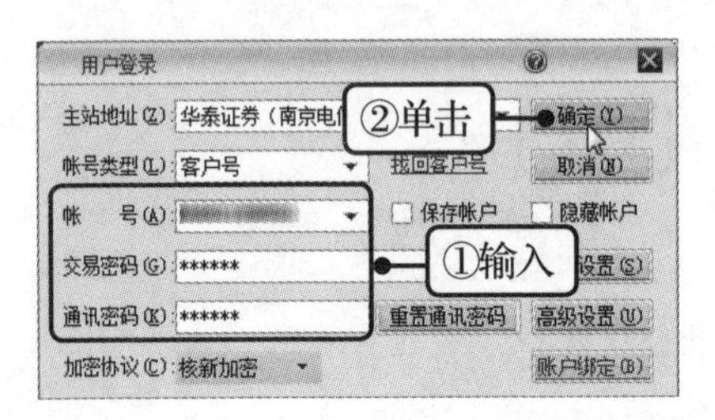


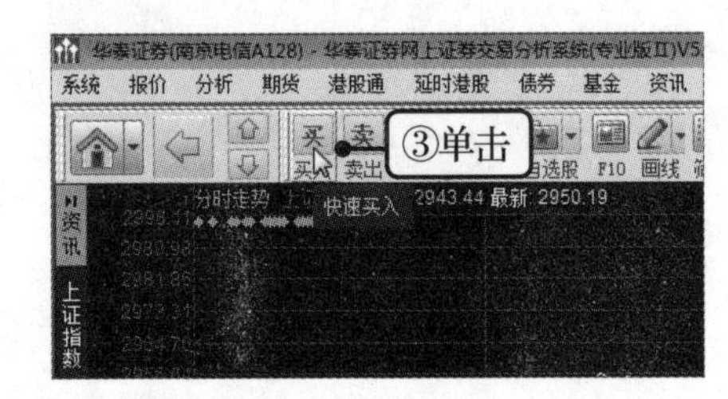


图 6-7　登录华泰证券客户端

进入买卖界面中，单击左下角的“基金”选项卡。在打开的页面中单击“申购”超链接，在“基金申购”栏中输入基金代码与申购金额，然后单击“确定”按钮即可完成基金的申购，如图 6-8 所示。

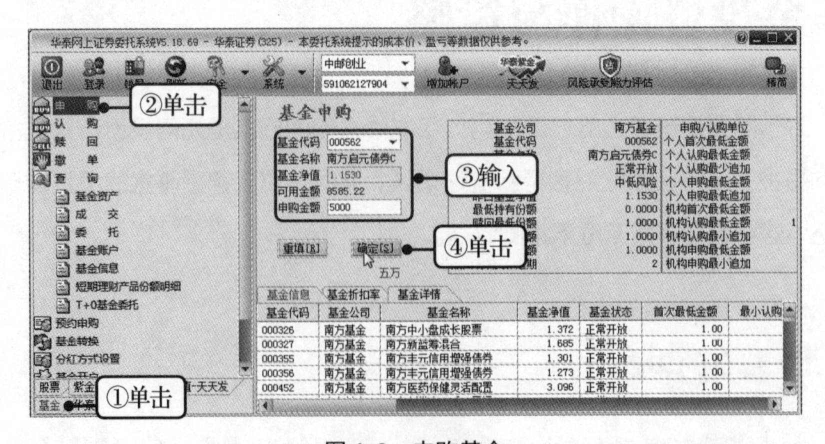


图 6-8　申购基金

**理财贴示** *网上查看基金行情*

不管家庭以哪种方式购买基金，都需要先查看基金的当前行情走势，这样才能选择出比较有发展潜力的基金产品。目前，大部分基金网站都可以查看基金行情，如天天基金网。

### 6.4.2 基金的赎回

赎回，又称为“买回”，主要针对开放式基金，因为封闭式基金封闭后就无法操作。家庭成员可以直接向基金公司，或通过代理机构向基金公司要求退出部分或全部的基金投资，并将赎回款转至自己的投资账户中。

基金赎回是基金申购的逆向操作，图 6-9 所示为华泰证券交易软件的基金赎回操作情况。

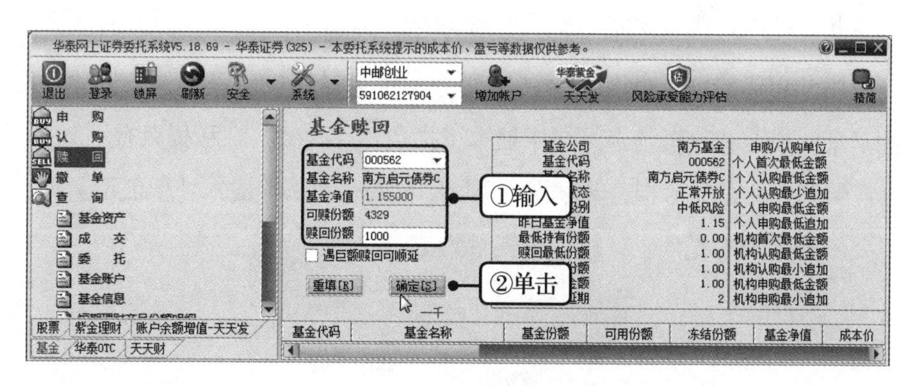


图 6-9 赎回基金

### 6.4.3 善用基金定投

基金定投，全称为定期定额投资基金，是指在固定的时间以固定的金额投资到指定的开放式基金中，类似于银行的零存整取方式。例如，每月

1 日购买沪深 300 指数基金，每次购买的金额为 1 000 元。

**案例实操**

### 通过基金定投划算

吴先生家里有一笔闲置资金，想用来投资。在一次朋友聚会上，吴先生听说投资基金可以获得比较稳定的收益，就让朋友给自己推荐了一只名为“前海开源中航军工指数（164402）”的基金。

于是，吴先生在 2015 年 11 月以每份 1.3160 元买进了 2 000 份，又在 2016 年 10 月以每份 0.9510 元购买了 3 000 份，随后在 2017 年 5 月以每份 0.8520 元购买了 3 000 份，2018 年 4 月以每份 1.1930 元购买 2 000 份。在 2019 年 6 月，吴先生准备赎回基金。

在 2019 年 6 月，基金单位净值为 0.9940 元，通过基金计算器对收益进行计算，算上各年的分红，亏损高达 2 6934 元。

由此可以说明，此种基金的购买方式作为长期投资很不划算，如果按照基金定投方式投资前海开源中航军工指数（164402），亏损只有 1 313.66 元。虽然依然存在亏损，但亏损的幅度明显降低，平均成本处于低位运行，只要未来走势平稳向上，就容易转亏为盈。

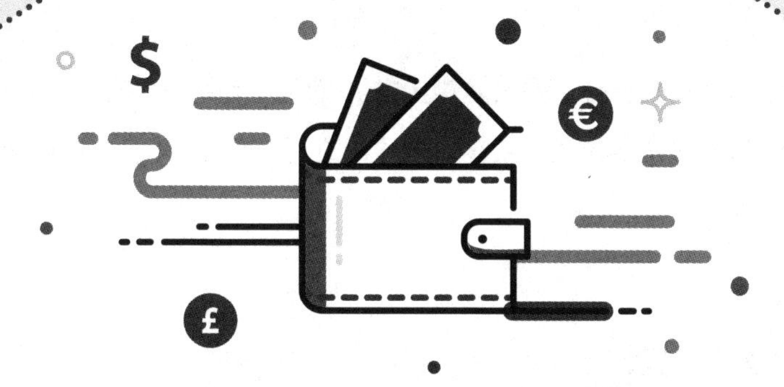

# 第 7 章

# 股票投资，中风险型家庭财富增值计划

与其他理财产品相比，还有一种收益很高的理财产品，这就是股票，不过股票的投资风险更高。对于风险偏好较高，愿意冒险博取更高收益的家庭而言，股票是非常不错的选择。

7.1

# 股票投资必读

**股票比基金的收益高，但风险也更大。在股票市场中，只有输家和赢家，如果想要成为赢家获得收益，就需要对股票进行充分了解，这样才能做到知己知彼百战百胜。**

## 7.1.1 什么是股票

股票是一种有价证券，是股份有限公司签发的证明股东所持股份的凭证。实质上，股票代表了股东对股份公司净资产的所有权，是股份公司资本的构成部分，可以转让、买卖，但是出资人不能要求公司返还其出资，同时出资人还需要承担相应的责任与风险。

### 1. 股票专业术语

想要顺利地走进股票市场，首先需要对股市的专业术语有所了解，具体介绍如表 7-1 所示。

表 7-1 股市的专业术语

| 术语名称 | 含 义 |
| --- | --- |
| 牛市 | 市场行情普遍看涨，且延续相对较长时间的大升市 |
| 熊市 | 市场行情普遍看跌，且维持时间相对较长的大跌市 |
| 牛皮市 | 在交易日里，股票价格上升或下降的幅度很小，价格变化不大 |

续表

| 术语名称 | 含　义 |
| --- | --- |
| 套牢 | 预期股价上涨而买入股票，结果股价却下跌，又不甘心将股票卖出，被动等待获利时机的出现 |
| 盘整 | 股价经过一段时间的急速上涨或下跌后，遇到阻力线或支撑线，因而股价波动幅度开始变小，呈现稳定状态 |
| 压力点（或线） | 股价在上涨过程中，碰到某一高点（或线）后停止涨升或回落，此点（或线）称为压力点（或线） |
| 支撑点（或线） | 股价在下跌过程中，碰到某一低点（或线）后停止下跌或回升，此点（或线）称为支撑点（或线） |
| 跳空 | 受强烈利多或利空消息的刺激，股价开始大幅度跳动，通常在股价大变动的开始或结束前出现 |
| 回档 | 股价在上升的过程中，因上涨过速而暂时回跌的现象 |
| 反弹 | 股价在下跌趋势中，因为下跌过快而回升的价格调整现象。反弹幅度较下跌幅度小，反弹后恢复下跌趋势 |
| 多头 | 对股票后市看好，先行买进股票，等股价涨至某个价位，卖出股票赚取差价的人，特点为先买后卖 |
| 空头 | 股价已上涨到高点，很快便会下跌，在股价开始下跌之前，趁高价时卖出的投资者，特点为先卖后买 |
| 配股 | 公司发行新股时，按股东所有人参份数，以特价（低于市价）分配给股东认购 |
| 利空 | 对空头有利，能促使股价下跌的因素和信息，如利率上升、经济衰退或公司经营状况恶化等 |
| 利多 | 对于多头有利，能刺激股价上涨的因素和消息，如利率降低或公司经营状况好转等 |
| 大户 | 即大额投资人，如财团、信托公司以及拥有庞大资金的个人等 |
| 散户 | 即买卖股票数量很少的小额投资者 |
| 主力 | 有很强的经济实力，可通过股票买卖来影响股市行情的投资力量 |
| 仓位 | 投资者已经投入的资金占总投资资金的比例 |
| 建仓 | 投资者预测股价将上涨，而开始购买股票 |

续表

| 术语名称 | 含　义 |
| --- | --- |
| 割肉 | 又称斩仓，在买入股票后，股价下跌，投资者为避免损失扩大而低价（亏本）卖出股票的行为 |
| 半仓 | 将计划投资的资金，以 50% 的比例购买股票，留 50% 的资金备用 |
| 重仓 | 在计划投资的资金和已投资的资金中，已投资的资金占比较大 |
| 清仓 | 在计划投资的资金和已投资的资金中，已投资的资金占比较小 |
| 补仓 | 以新的价格买入已持有的股票，以增加股票所占比例，从而降低股票的平均成本 |
| 倒仓 | 庄家自身或多个庄家之间进行股票的转移 |
| 停板 | 因股价波动超过一定限度而停做交易 |
| 阴跌 | 股价进一步退两步，缓慢下滑的情况，长期不止 |

当投资者走进股市后，还需要对股票价格与盘口的相关术语有所了解，以便更好地选择股票，具体介绍如表 7-2 所示。

**表 7-2　股价与盘口的专业术语**

| 术语名称 | 含　义 |
| --- | --- |
| 开盘价 | 每个交易日的第一笔交易成交价格 |
| 收盘价 | 每个交易日的最后一笔交易成交价格 |
| 集合竞价 | 每个交易日上午 9:15 ~ 9:25，把交易主机提供的有效报价的买卖委托集中起来，进行撮合交易，以达到最大成交量的价格作为最终成交价格，也是当日的开盘价格 |
| 最高盘价 | 某只股票在一个交易日内最高的成交价格 |
| 最低盘价 | 某只股票在一个交易日内最低的成交价格 |
| 高开 | 开盘价格高于上一个交易日的收盘价格 |
| 低开 | 开盘价格低于上一个交易日的收盘价格 |
| 平开 | 开盘价格等于上一个交易日的收盘价格 |

续表

| 术语名称 | 含　义 |
|---|---|
| 票面价格 | 上市公司在发行股票时设定的股票面额 |
| 买盘 | 以高于或低于当前市价委托买入并已经成交的行为 |
| 卖盘 | 以高于或低于当前市价委托卖出并已经成交的行为 |
| 崩盘 | 因某种原因造成股票大量抛出，从而导致股价无限制的下跌，何时停止无法预测 |
| 洗盘 | 庄家为了控制股价，故意压低或拉升成本，使散户抛出股票，导致股价下降 |
| 护盘 | 庄家或主力在股市低迷时期买入股票，带动中小投资者跟进买入，刺激股价上涨 |
| 震盘 | 股价在一天之内忽高忽低，出现大幅波动的现象 |
| 扫盘 | 庄家不计成本，将卖盘中的挂单全部买入的行为 |
| 试盘 | 庄家或主力在建仓完成后，通过少量股票的买卖来试探市场人气、散户的持仓比例以及有无其他庄家或主力存在的行为 |
| 盘口 | 在股票交易过程中，具体到个股的买进或卖出的5档或10档的具体交易信息 |
| 成交量 | 某只股票在一定时间内的总交易量 |
| 成交额 | 某只股票在一定时间内的总成交额 |
| 换手率 | 在一个时期内，所有买入和卖出股票数量的总和与该股票可流通总量的比值 |
| 委差 | 当前交易主机已经接受，但还未成交的买入委托总手数与卖出委托总手数的差 |
| 委比 | 当前委差占委托总数的比例 |
| 涨幅 | 现价与上一交易日收盘价的差,除以上一交易日的收盘价的百分比，取值范围为 ±10% |

2. 股票的种类

由于股票包含的权益不同，股票的形式也就多种多样。按照股票的上市地点和所面对的投资者的不同，可将股票分为A股、B股、S股和N股等，如表7-3所示。

表7-3 不同股票类型

| 股票类型 | 含义 |
| --- | --- |
| A股 | 即人民币普通股票，由我国境内的公司发行，供境内机构、组织或个人以人民币认购和交易的普通股股票 |
| B股 | 即人民币特种股票，以人民币标明面值，以外币认购和买卖，在境内（上海、深圳）证券交易所上市交易 |
| L股 | 在我国内地注册，在伦敦上市发行的外资股 |
| S股 | 在我国内地注册，在新加坡上市发行的外资股 |
| N股 | 在我国内地注册，在纽约上市发行的外资股 |

另外，按照股东权利的不同，可以将股票分为普通股和优先股，具体介绍如下。

**普通股。**指在公司的经营管理和盈利及财产的分配上享有普通权利的股份，是股份公司资本构成中最普通、最基本的部分，股东享有决策权、优先认股权、利润分配权以及剩余资产分配权等。

**优先股。**指股份公司发行的在分配红利和剩余财产时比普通股具有优先权的股份，是一种没有期限的有权凭证，股东不能在中途向公司要求退股。

### 7.1.2 股票买卖的基本流程

对于刚入股市的家庭而言，不管是对开立股票账户，还是买卖股票都比较陌生，所以需要对买卖股票的具体流程有所了解。

1. 股票账户的开立

家庭成员想要投资股票，第一步就是开立一个股票账户，该账户相当于投资者的“股市身份证”，使用它可以实现股票的买卖。

◆ 买卖股票的收费标准

通常情况下，股票交易会产生相应的手续费。其中，买进股票交易过程中会产生佣金和过户费，而卖出股票交易过程中会产生佣金、过户费和印花税，如表7-4所示。

表7-4 买卖股票的费用

| 名 称 | 开户费 | 佣 金 | 过户费 | 印花税 |
|---|---|---|---|---|
| 上证A股 | 40元 | 不超过成交额的0.3% | 成交股数的0.1% | 成交额的0.1% |
| 深证A股 | 50元 | 不超过成交额的0.3% | 无 | 成交额的0.1% |

◆ 开立股票账户的流程

对股票交易的手续费有所了解后，就可以选择交易所进行开户了，以A股为例讲解股票账户的开户流程，如图7-1所示。

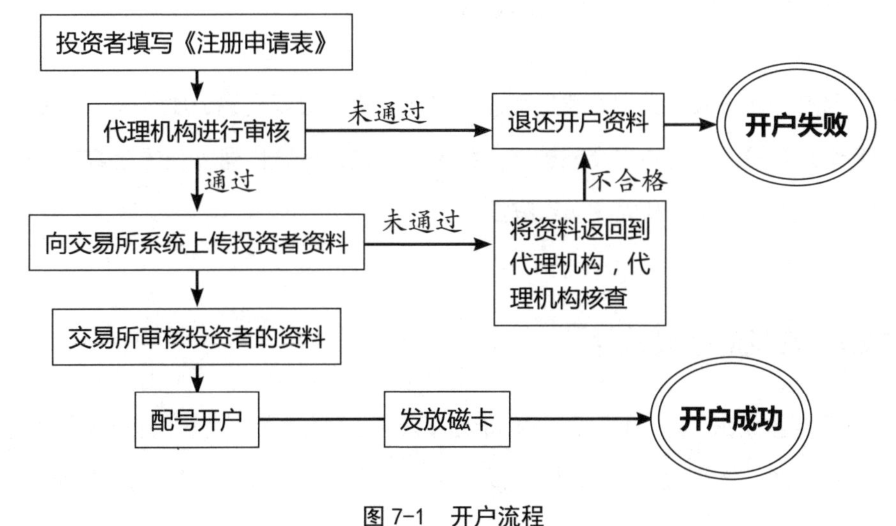


图7-1 开户流程

2. 股票买卖的操作流程

不管是投资哪种产品，都有一套完整的交易流程。当家庭拥有股票账户后，就可以对股票的买卖进行了解，图 7-2 所示为股票买卖的流程。

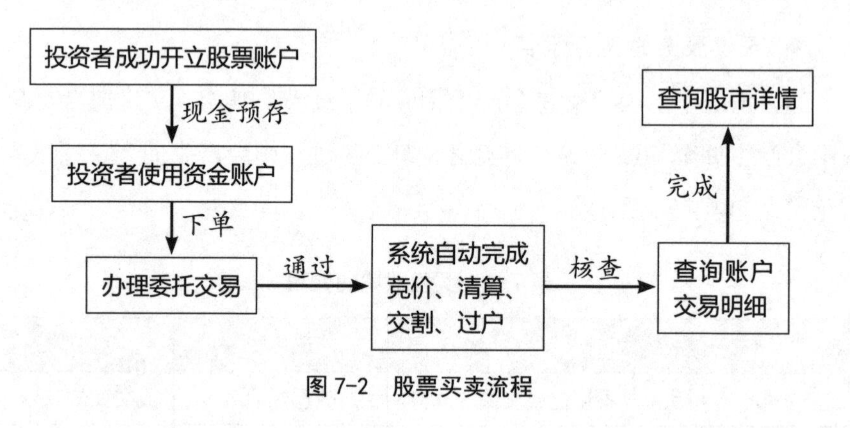


图 7-2　股票买卖流程

## 7.2 炒股软件的基本操作方法

**目前，对于大多数工薪家庭而言，在网上进行股票交易更加便捷，许多证券商也都为投资者提供了交易软件。投资者通过这些软件可以快速查看股票行情，进行股票交易，从而实现家庭投资。**

### 7.2.1　常见的炒股软件

想要投资股票，但又没有时间天天去证券所，此时最好的办法就是使用炒股软件。炒股软件，就是可以用来买卖股票的软件，最基本的功能就是信息的实时揭示，所以也有投资者将其当作行情软件。

另外，炒股软件除了用来登录账户与买卖股票外，还提供了许多其他功能，如基本面分析、技术分析、智能选股、自动选股、信息收集以及联动调试等。当然，不同的炒股软件由不同的公司研发，在功能和特点上还是存在些许差异的，下面就来介绍 3 种常见的炒股软件。

◆ 同花顺

同花顺是一款功能强大的免费网上股票证券交易分析软件，非常受投资者欢迎，它主要为投资者提供了股票的行情显示、行情分析和行情交易等信息，图 7-3 所示为同花顺炒股软件的主界面。

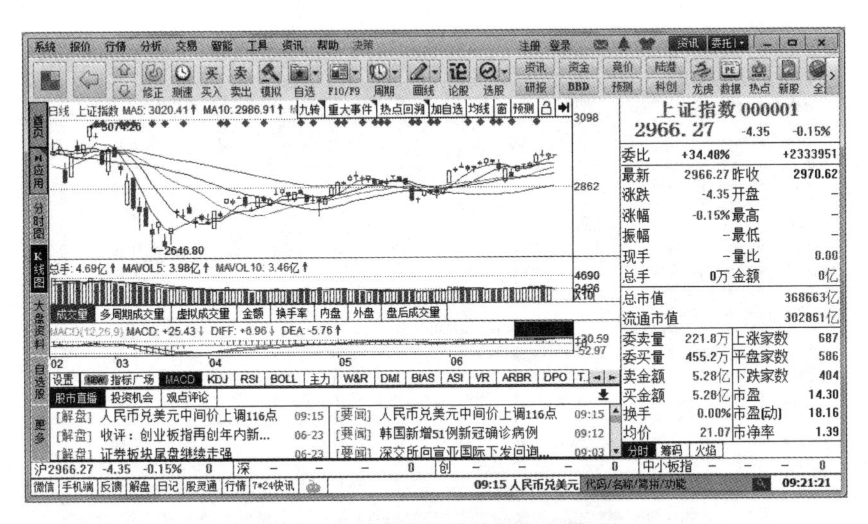

图 7-3 同花顺炒股软件的主界面

其中，同花顺软件主要分为免费版的 PC 产品、收费版的 PC 产品、平板电脑产品以及手机产品等，其中每种产品都含有多个版本，同花顺 PC 客户端是为个人投资者研发的一款综合金融服务终端，具有以下特点。

**高速行情。**全市场高速行情，为用户提供稳定高效的行情数据服务。

**极速交易。**全面支持 60 多家券商和全品种股票交易，更安全、便捷。

**AI 智能**。智能资讯、智能投顾、智能客服。

**特色功能**。竞价分析、K 线重大事件、小窗盯盘等功能，实现投资者的交易策略，同时，支持沪港通、科创板。

◆ 通达信

通达信软件是一个定位于提供多功能服务的证券信息平台，拥有简单的操作界面、快速更新行情信息等优点。通达信还有一个独具特色的功能，即允许投资者自由划分界面，并规定每一个位置对应的内容。另外，提供的“在线人气”功能，能让投资者快速了解当前关注、持续关注以及较为冷门的内容，从而快速掌握活跃度较高的股票，图 7-4 所示为通达信炒股软件的主界面。

系统 功能 报价 分析 扩展市场行情 资讯 工具 帮助 市场 行情 资讯 交易 服务

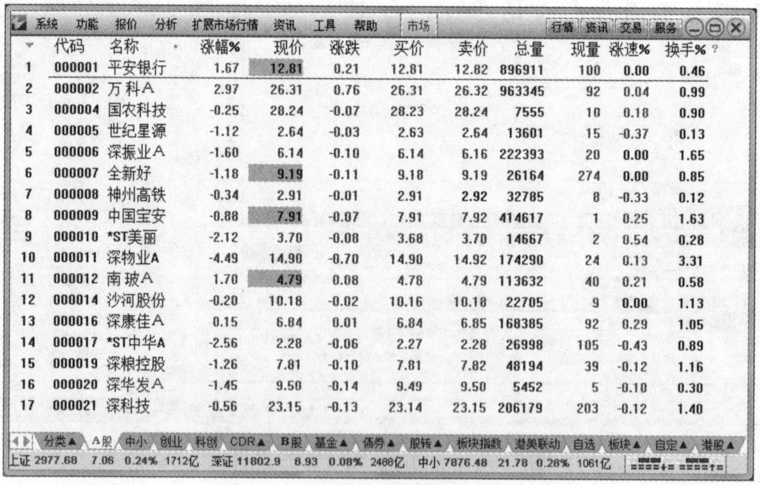

| | 代码 | 名称 | 涨幅% | 现价 | 涨跌 | 买价 | 卖价 | 总量 | 现量 | 涨速% | 换手% |
|---|---|---|---|---|---|---|---|---|---|---|---|
| 1 | 000001 | 平安银行 | 1.67 | 12.81 | 0.21 | 12.81 | 12.82 | 896911 | 100 | 0.00 | 0.46 |
| 2 | 000002 | 万科A | 2.97 | 26.31 | 0.76 | 26.31 | 26.32 | 963345 | 92 | 0.04 | 0.99 |
| 3 | 000004 | 国农科技 | -0.25 | 28.24 | -0.07 | 28.23 | 28.24 | 7555 | 10 | 0.18 | 0.90 |
| 4 | 000005 | 世纪星源 | -1.12 | 2.64 | -0.03 | 2.63 | 2.64 | 13601 | 15 | -0.37 | 0.13 |
| 5 | 000006 | 深振业A | -1.60 | 6.14 | -0.10 | 6.14 | 6.16 | 222393 | 20 | 0.00 | 1.65 |
| 6 | 000007 | 全新好 | -1.18 | 9.19 | -0.11 | 9.18 | 9.19 | 26164 | 274 | 0.00 | 0.85 |
| 7 | 000008 | 神州高铁 | -0.34 | 2.91 | -0.01 | 2.91 | 2.92 | 32785 | 8 | -0.33 | 0.12 |
| 8 | 000009 | 中国宝安 | -0.88 | 7.91 | -0.07 | 7.91 | 7.92 | 414617 | 1 | 0.25 | 1.63 |
| 9 | 000010 | *ST美丽 | -2.12 | 3.70 | -0.08 | 3.68 | 3.70 | 14667 | 2 | 0.54 | 0.28 |
| 10 | 000011 | 深物业A | -4.49 | 14.90 | -0.70 | 14.90 | 14.92 | 174290 | 24 | 0.13 | 3.31 |
| 11 | 000012 | 南玻A | 1.70 | 4.79 | 0.08 | 4.78 | 4.79 | 113632 | 40 | 0.21 | 0.58 |
| 12 | 000014 | 沙河股份 | -0.20 | 10.18 | -0.02 | 10.16 | 10.18 | 22705 | 9 | 0.00 | 1.13 |
| 13 | 000016 | 深康佳A | 0.15 | 6.84 | 0.01 | 6.84 | 6.85 | 168385 | 92 | 0.29 | 1.05 |
| 14 | 000017 | *ST中华A | -2.56 | 2.28 | -0.06 | 2.27 | 2.28 | 26998 | 105 | -0.43 | 0.89 |
| 15 | 000019 | 深粮控股 | -1.26 | 7.81 | -0.10 | 7.81 | 7.82 | 48194 | 39 | -0.12 | 1.16 |
| 16 | 000020 | 深华发A | -1.45 | 9.50 | -0.14 | 9.49 | 9.50 | 5452 | 5 | -0.10 | 0.30 |
| 17 | 000021 | 深科技 | -0.56 | 23.15 | -0.13 | 23.14 | 23.15 | 206179 | 203 | -0.12 | 1.40 |

分类▲ A股 中小 创业 科创 CDR▲ B股 基金▲ 债券▲ 股转▲ 板块指数 港美联动 自选 板块▲ 自定▲ 港股▲

上证 2977.68 7.06 0.24% 1712亿 深证 11802.9 8.93 0.08% 2488亿 中小 7876.48 21.78 0.28% 1061亿

图 7-4 通达信炒股软件的主界面

◆ 大智慧

大智慧是一个用来进行行情显示、行情分析并同时进行信息即时接收的超级证券信息平台，也是目前国内手机炒股用户使用率最高、反馈最好的炒股软件。大智慧不仅能满足投资者随时随地查阅沪深两地指数、个股及时高速行情、技术分析、个股基本面资料、丰富热点资讯等需求，还能让投资者随时买卖、随时盈利，图 7-5 所示为大智慧炒股软件的主界面。

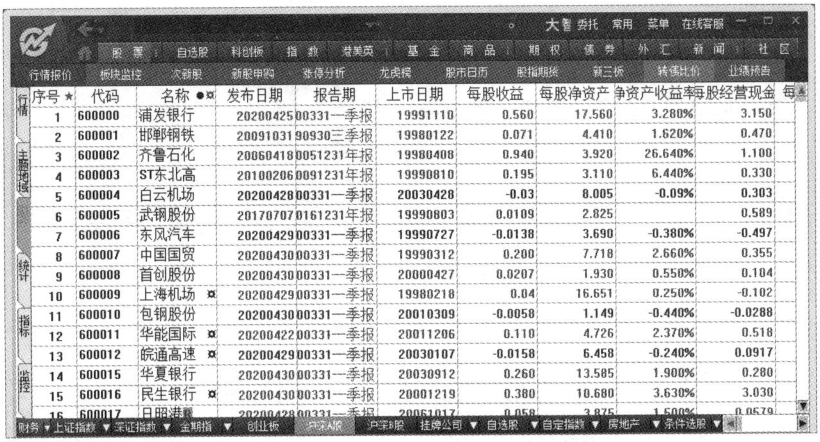

| 序号 | 代码 | 名称 | 发布日期 | 报告期 | 上市日期 | 每股收益 | 每股净资产 | 净资产收益率 | 每股经营现金 |
|---|---|---|---|---|---|---|---|---|---|
| 1 | 600000 | 浦发银行 | 20200425 | 00331一季报 | 19991110 | 0.560 | 17.560 | 3.280% | 3.150 |
| 2 | 600001 | 邯郸钢铁 | 20091031 | 90930三季报 | 19980122 | 0.071 | 4.410 | 1.620% | 0.470 |
| 3 | 600002 | 齐鲁石化 | 20060418 | 0051231年报 | 19980408 | 0.940 | 3.920 | 26.640% | 1.100 |
| 4 | 600003 | ST东北高 | 20100206 | 0091231年报 | 19990810 | 0.195 | 3.110 | 6.440% | 0.330 |
| 5 | 600004 | 白云机场 | 20200428 | 00331一季报 | 20030428 | -0.03 | 8.005 | -0.09% | 0.303 |
| 6 | 600005 | 武钢股份 | 20170707 | 0161231年报 | 19990803 | 0.0109 | 2.825 |  | 0.589 |
| 7 | 600006 | 东风汽车 | 20200429 | 00331一季报 | 19990727 | -0.0138 | 3.690 | -0.380% | -0.497 |
| 8 | 600007 | 中国国贸 | 20200430 | 00331一季报 | 19990312 | 0.200 | 7.718 | 2.660% | 0.355 |
| 9 | 600008 | 首创股份 | 20200430 | 00331一季报 | 20000427 | 0.0207 | 1.930 | 0.550% | 0.104 |
| 10 | 600009 | 上海机场 | 20200429 | 00331一季报 | 19980218 | 0.04 | 16.651 | 0.250% | -0.102 |
| 11 | 600010 | 包钢股份 | 20200430 | 00331一季报 | 20010309 | -0.0058 | 1.149 | -0.440% | -0.0288 |
| 12 | 600011 | 华能国际 | 20200422 | 00331一季报 | 20011206 | 0.110 | 4.726 | 2.370% | 0.518 |
| 13 | 600012 | 皖通高速 | 20200429 | 00331一季报 | 20030107 | -0.0158 | 6.458 | -0.240% | 0.0917 |
| 14 | 600015 | 华夏银行 | 20200430 | 00331一季报 | 20030912 | 0.260 | 13.585 | 1.900% | 0.280 |
| 15 | 600016 | 民生银行 | 20200430 | 00331一季报 | 20001219 | 0.380 | 10.680 | 3.630% | 3.030 |

图 7-5　大智慧炒股软件的主界面

## 7.2.2　掌握银证转账操作

银证转账是指将投资者在银行开立的个人结算存款账户（或借记卡）与证券公司的资金账户建立对应关系，通过网上银行、网点自助和证券公司的电话、网上交易系统及证券公司的自助设备等方式将资金在银行和证券公司之间划转，为投资者存取款提供便利。

因此，投资者想要投资股票，首先需要掌握银证转账操作，即将银行卡中的钱转入到股票账户中，例如在华泰证券中转入股票投资款。

**案例实操**

### 在华泰证券中转入资金

运行华泰证券软件，在主界面右上角单击“交易”按钮。打开“用户登录”窗口，输入账号、交易密码和通讯密码，单击“确定”按钮，如图 7-6 所示。

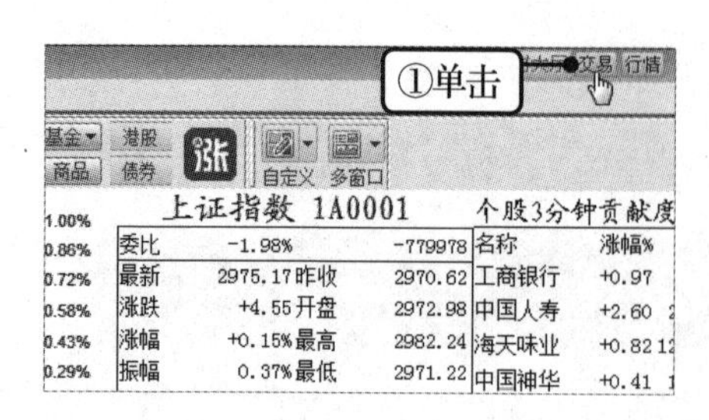


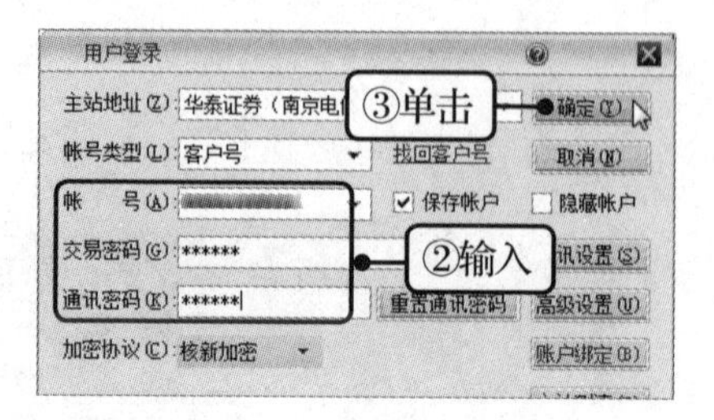


图 7-6　登录个人账户

打开“华泰网上证券委托系统”窗口，在“股票”选项卡的左侧展开“银证转账”列表，选择“银行→券商”选项，在右侧的“银证转账”栏中依次设置转账银行、转账币种和转账金额，单击“转账”按钮，然后在打开的提示对话框中单击“是”按钮即可完成操作，如图 7-7 所示。

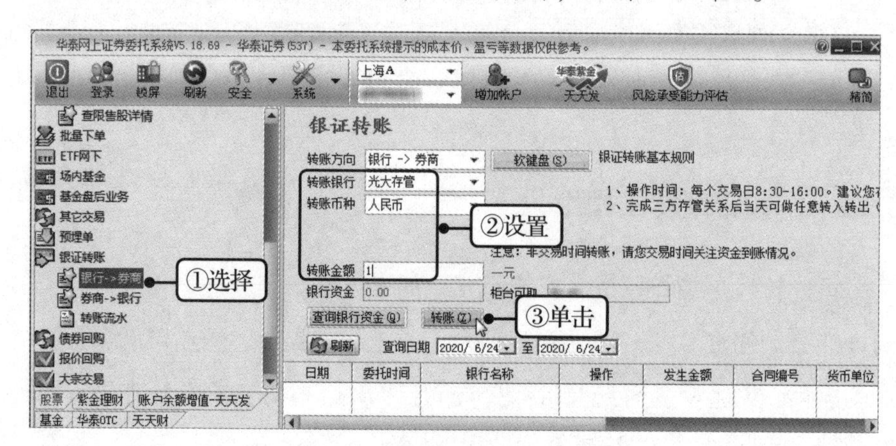


图 7-7　从银行卡中转账到证券账户中

### 7.2.3　股票的买卖操作

投资股票必须要学会股票的买卖操作，不过使用炒股软件买卖股票就相对简单很多，只需要提前登录券商的交易软件，输入要买入的股票代码，即可进行购买股票的操作。另外，卖出股票只能卖出当前持有的股票，下面以在华泰证券中买卖股票为例进行讲解。

**案例实操**

## 在华泰证券中买卖股票

进入“华泰网上证券委托系统”窗口中，在“股票”选项卡中选择“买入”选项，依次输入证券代码和买入数量，单击“买入”按钮，在打开的提示对话框中单击“是”按钮即可完成买入操作，如图7–8所示。

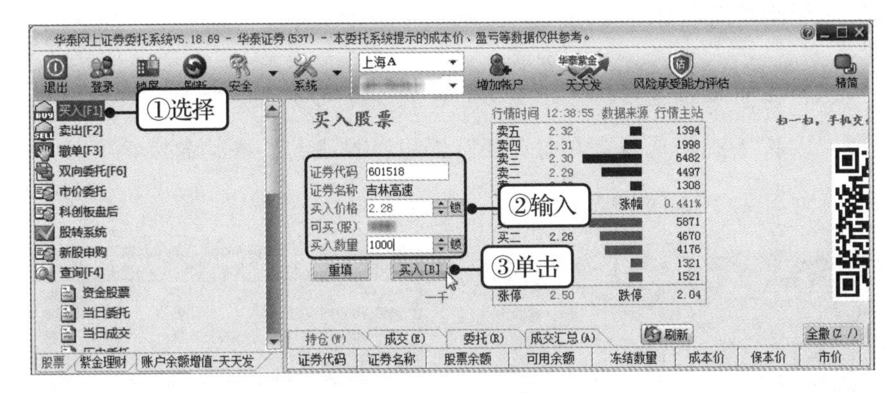


图7-8 买入股票

在“股票”选项卡中选择“卖出”选项，依次输入证券代码和卖出数量，单击“卖出”按钮，在打开的提示对话框中单击“是”按钮即可完成卖出操作，如图7–9所示。

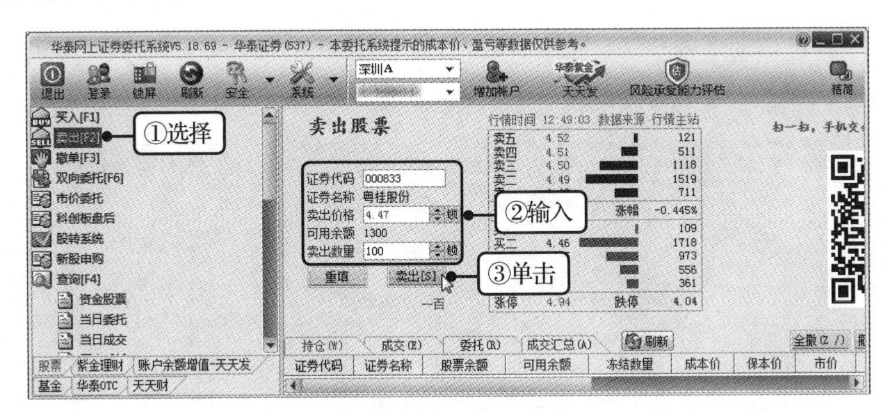


图7-9 卖出股票

## 7.2.4　查看股票行情

登录各类炒股软件后，投资者就可以对各类行情进行查询，下面就来看看如何查看个股的走势图，例如在通达信中查看行情。

**案例实操**

### 在通达信中查看行情

运行并登录通达信软件，在主界面的左下角单击“分类”展开按钮，选择“沪深 A 股”选项。在打开的页面中，双击想要查询的股票名称的超链接，如图 7-10 所示。

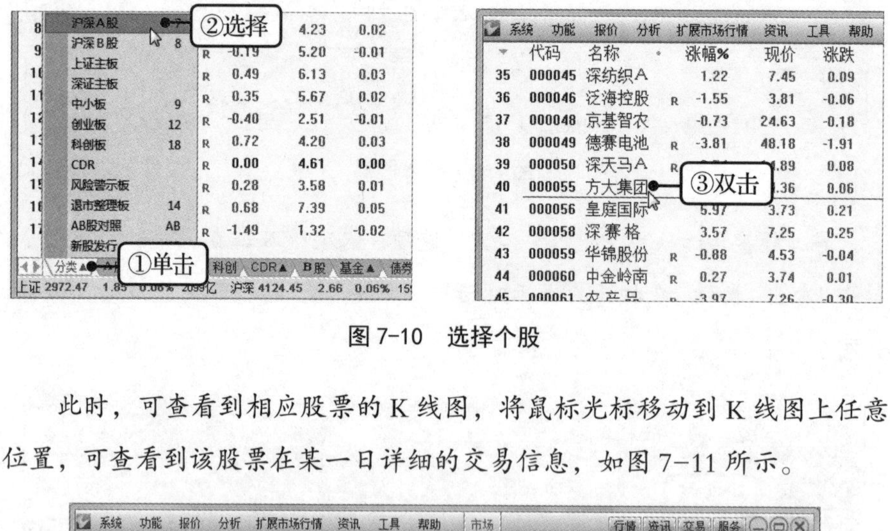

图 7-10　选择个股

此时，可查看到相应股票的 K 线图，将鼠标光标移动到 K 线图上任意位置，可查看到该股票在某一日详细的交易信息，如图 7-11 所示。

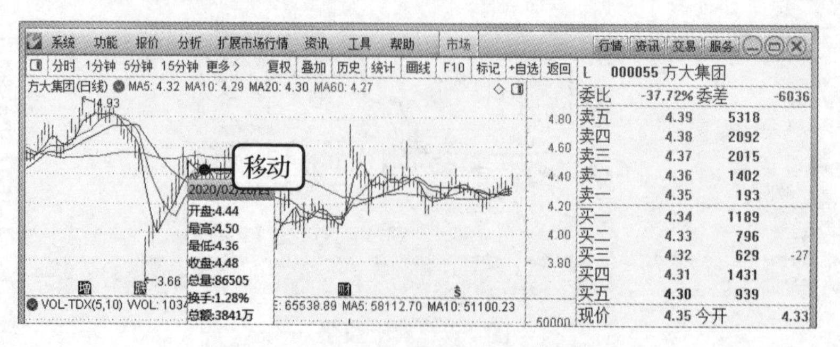


图 7-11　从 K 线上查看股票交易信息

在 K 线图上的任意位置双击 K 线，即可打开当日的 K 线走势情况，如图 7–12 所示。

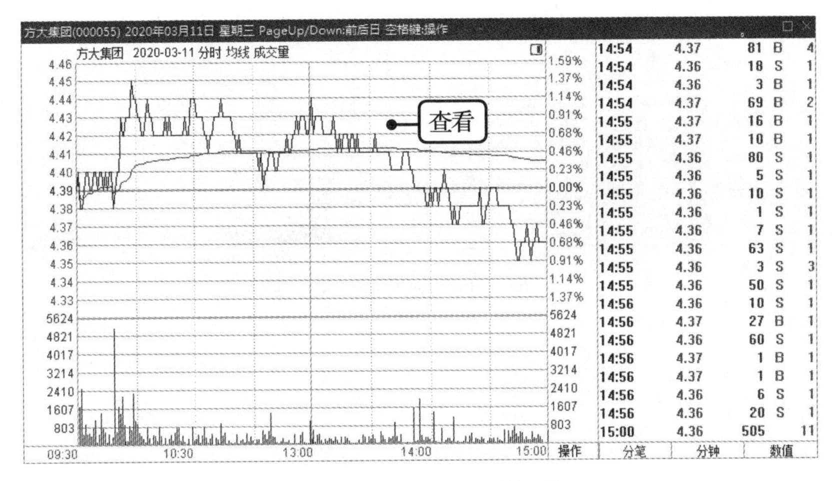


图 7–12　查看当日 K 线走势

在某一 K 线上单击鼠标右键，选择“分析周期”命令，在子菜单中可以选择不同时间坐标的 K 线图类型，如这里选择“周线”命令，如图 7–13 所示。

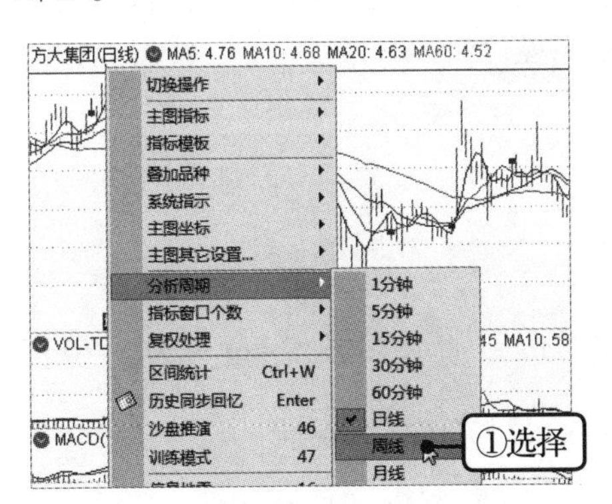


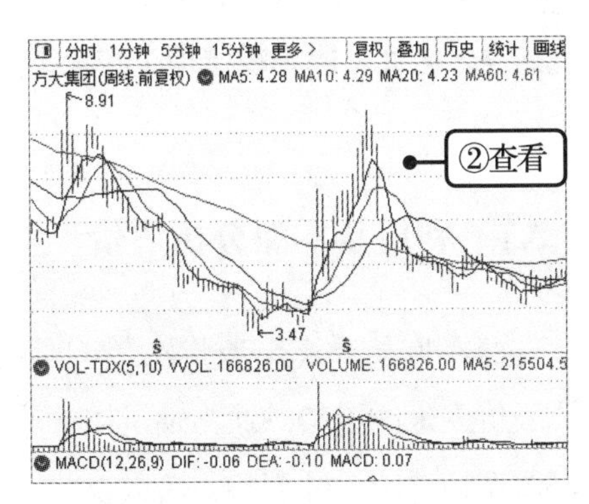


图 7–13　设置分析周期

在菜单栏上单击“分析”选项，选择“分时走势图”命令，即可查看到该股票的价格分时图，如图 7–14 所示。

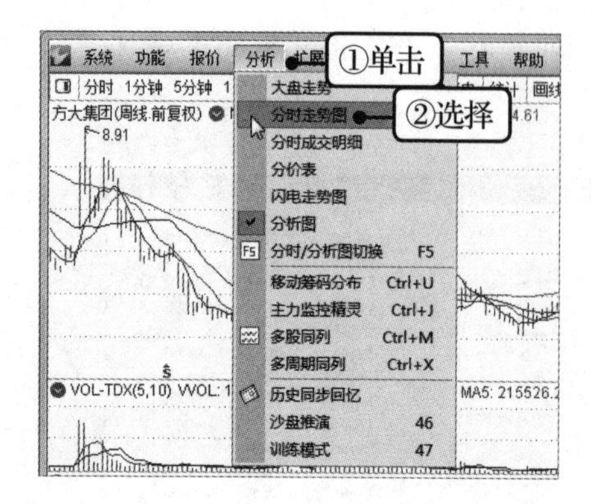

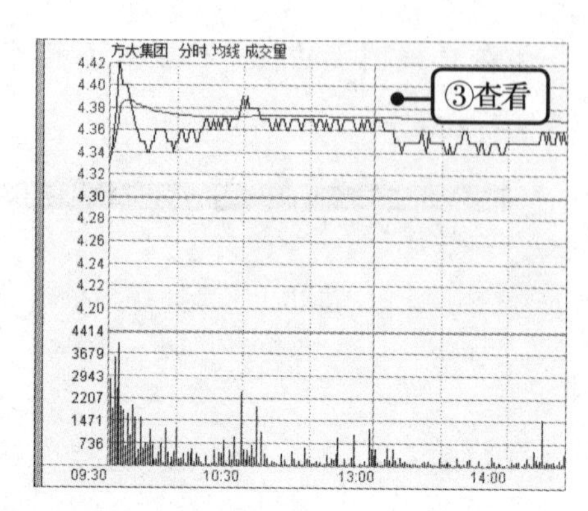


图 7-14 查看分时图

## 7.3 股票投资操作

**家庭进行股票投资，最主要的目的不是为了保住成本，而是为了获取更高的收益。因此，需要掌握相应的股票投资方法。**

### 7.3.1 利用基本面分析股价

基本面是指影响股价走势的基本性因素，通过对基本面的分析，可预测股价未来的走势。通常情况下，股价会受到一些经济指标、国家政策以及经济调控等因素的影响，所以这些因素也是判断股价发展趋势的主要依据。

◆ GDP 对股市的影响

GDP 即国内生产总值，是指一个国家或地区在一定时期内运用生产要素所生产的全部最终产品的市场价值，是全面反映一个国家经济实力和经济发展程度的综合指标，间接决定着股市的走势变化。

在经济繁荣时期，企业盈利较多，股价上涨；经济不景气时，企业利润下降，股价下跌。简单而言，在国内生产总值或相关产业增加值呈上升趋势时，是家庭投资股票的较好时机。其中，在国家统计局网站中可查阅GDP公报，如图7–15所示。

首页 | 月度数据 | 季度数据 | 年度数据 | 普查数据 | 地区数据 | 部门数据 | 国际数据 | 可视化产品

查数 CHASHU　GDP　搜索　统计热词　GDP　CPI　总人口　粮食产量　PMI　PPI

首页 > 搜索 > 搜索结果

相关结果约 29563 条　筛选栏目：--全部--

| 指标 | 地区 | 数据时间 | 数值 | 所属栏目 |
|---|---|---|---|---|
| 国内生产总值(亿元) | 全国 | 2019年 | 990865.1 | 年度数据 |
| 国内生产总值(亿元) | 全国 | 2018年 | 919281.1 | 年度数据 |
| 国内生产总值(亿元) | 全国 | 2019年 | 990865.1 | 年度数据 |

图7–15　GDP数据

◆ 利率变动对股市的影响

利率是货币政策的重要工具，也是中央银行调控货币供求与经济的主要手段。在经济萧条时，降低利率可以刺激经济发展；在经济过热时，提高利率可以抑制经济恶性发展。由于利率与货币价值关系密切，而股票的价值又是通过货币来衡量，所以利率的调整也会对股市带来影响。其中，利率的升降与股价的变化呈反向关系，具体如下：

**利率上升。**会增加公司的借款成本，提高贷款难度，必然会降低公司利润，压缩生产规模，导致未来股价下跌。另外，投资者用来评估股价所用的折现率也会调高，股票内在价值会因此下降，从而使股价相应下跌。

**利率下降。**企业可以通过借贷帮助企业实现良性发展，同时储蓄的获利能力降低，投资者会将资金投放到股市中，从而扩大对股票的需求，使股价上涨。

◆ 通货膨胀与 CPI 对股价的影响

通货膨胀是世界经济发展过程中的阻力，任何国家与地区想顺利发展经济，都需要避免通货膨胀。通货膨胀也是影响股价的重要经济因素，既能刺激股票市场，又会对其产生压制作用。通常情况下，货币供给量增加，扩大的社会购买力就会投资于股市，把股价抬高。

同时，通货膨胀与 CPI（消费者物价指数）息息相关，CPI 是衡量物价水平的数据指标，物价上涨会引起通货膨胀。虽然 CPI 不是通货膨胀率，但很多场合都通过 CPI 的数值来观察是否发生了通货膨胀，CPI 数值变大，物价全面地、持续地上涨就被认为发生了通货膨胀。

◆ 汇率变动对股市的影响

汇率是指一国货币兑换另一国货币的比率，以一种货币表示另一种货币的价格，它是国际贸易中最重要的经济指标。因为各国之间的经济贸易会发生变化，所以汇率也会随时变动。

美元升值，人民币贬值，就可用更少的美元购买中国生产的商品，促进中国商品的出口；反之，美元贬值，人民币升值，必将有利于美国商品出口到中国。因此，汇率的波动会给进出口贸易带来较大影响，也就会使相应的股票产生价格波动。

◆ 宏观调控对股市的影响

股市的发展存在着很多的不确定性与随机性，所以投资股票具有一定的风险，国家为了确保股市健康稳定地发展，以印花税作为重要的调控手段，增加投资者的投资成本。

通常情况下，国家会在股价不断上涨时，调高印花税，抑制股价呈现出暴涨形态；反之，当股价不断下跌时，国家会下调印花税，使股市趋于良好发展状态。

◆ 重大突发事件对股市的影响

重大突发事件是突然发生，容易造成或可能造成严重社会危害，需要采取应急处置措施应对的自然灾害、事故灾难、公共卫生事件和社会安全事件，如台风、海啸以及地震等。重大突发事件对股市的影响非常大，主要存在两个方面：若事件对部分企业有利，则股票会大幅上涨；若事件对部分企业有害，则股票可能下跌。

国内发生重大突发事件时，投资者可以通过如下策略来操作股票：

①大盘处于上涨通道，投资者需要尽快卖出股票，等行情稳定或大盘向上时再买入。

②大盘处于下跌通道，最好不持有股票，如果已持有则尽早抛出，等待一段时间或精选个股后介入。

与本国关系密切、利益相关的国家或地区发生重大突发事件时，投资者可以通过如下策略来操作股票。

①大盘处于上涨通道，事件发生后的几天为做多时机，股市小幅下跌继续上攻的可能性较大，也可以等待一两天，走势明确后再决定。

②大盘处于下跌通道，最好不要持有股票，等待时机成熟后再操作。

## 7.3.2 利用技术面分析股价

使用炒股软件时，技术面分析不可或缺，各种技术指标可以帮助投资者对股票的涨跌进行判断，如VOL指标、MACD指标与KDJ指标等。

◆ VOL指标

VOL指标又称为成交量指标，成交量是指个股或大盘的成交总数，

VOL 指标是成交量类指标中最简单与最常用的指标，以成交量柱线和 3 条简单平均线组成。

柱线的高度表示当日当时的成交总量，3 条简单平均线代表 5 天，10 天，20 天的平均成交量。成交量柱线用红柱和绿柱表示，如当天收盘价高于前一交易日收盘价，成交柱呈红色，表示当天收盘指数是上涨的；反之，成交柱呈绿色，表示的是当天收盘指数是下跌的，如图 7–16 所示。

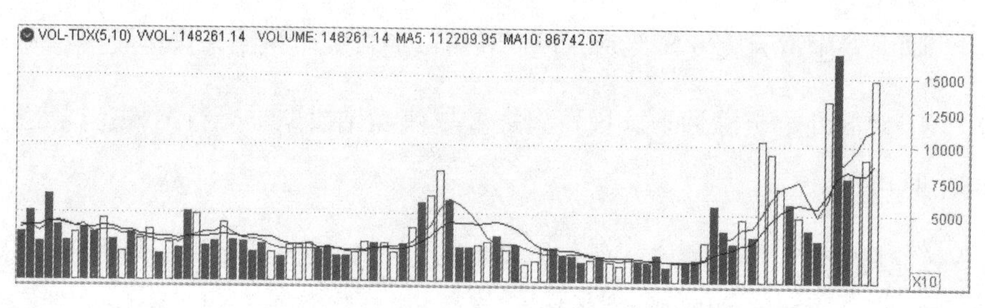


图 7–16　VOL 指标

◆ MACD 指标

MACD 指标，被称为平滑异同移动平均线，通过对指数型平滑移动平均线 EMA 的乖离曲线（DIF）以及 DIF 值的指数型平滑移动平均线（DEA）两条曲线走向的异同、乖离的描绘和计算，从而对股票后期的走势进行判断。

MACD 指标的变化代表着市场趋势的变化，通常被用来判断股票买进或者卖出的时机，如图 7–17 所示。

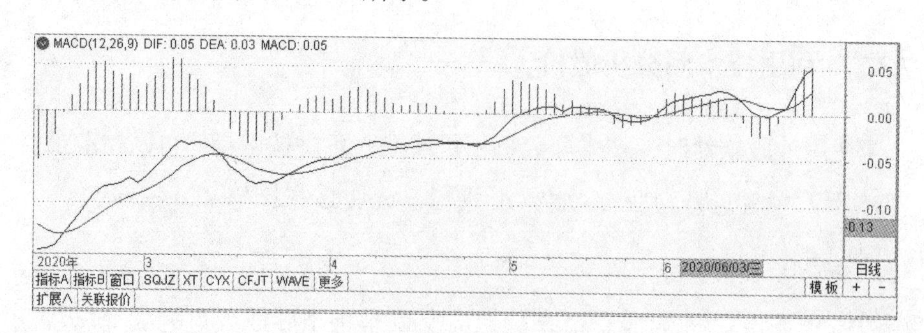


图 7–17　MACD 指标

◆ KDJ 指标

KDJ 指标又称为随机指标，是股市中非常重要的技术指标，主要应用于中短线行情。KDJ 在计算上考虑了计算周期内的最高价与最低价，兼顾了股价波动中的随机振幅，更真实地反映了股价的波动，具有比较明显的提示作用，如图 7-18 所示。

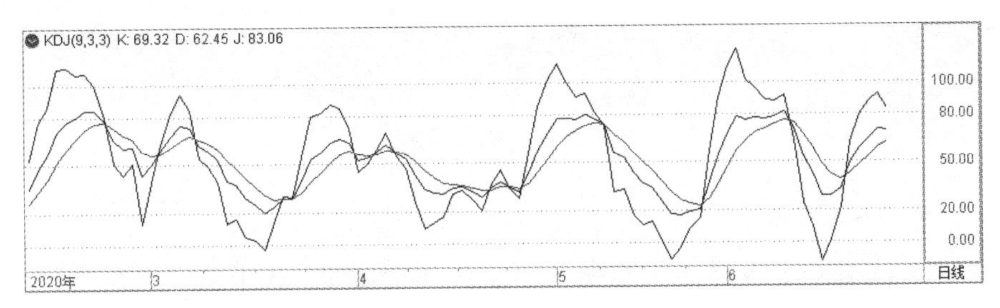


图 7-18 KDJ 指标

在 KDJ 图中具有 3 根线，即 K 线、D 线和 J 线。其中，K 线是快速平均线，D 线是慢速平均线，J 线是辅助线。当 K 线向上突破 D 线时，为上升趋势，可以买进；当 K 线向下跌破 D 线时，可以卖出。另外，随机指数的范围是 0 ~ 100，当 KD 值升到 90 以上时表示偏高，则可能出现下跌走势；当 KD 值跌到 20 以下时表示偏低，可能出现上涨的机会。

◆ BOLL 指标

BOLL 指标，也称为布林线指标，表示当前市场波动，可以用来证明市场方向的改变，预告趋势继续发展或停止的可能性，以及判断盘整时段和交易量是否上涨，同时还表示了股价的最高值和最低值，帮助投资者确定股价的波动区间以及未来的走势，及时抓住上涨的机会。

BOLL 指标由 3 条轨道线组合而成，上下轨分别与价格平均线构成上限和下限，两个上下限分别被压力线和支撑线包含。投资者通常都是以布林通道的位置来判断走势的强弱，当股价位于平均线与压力线之间时，表示股价处于强势区域，位于平均线和支撑线之间时，表示股价处于弱势区域，如图 7-19 所示。

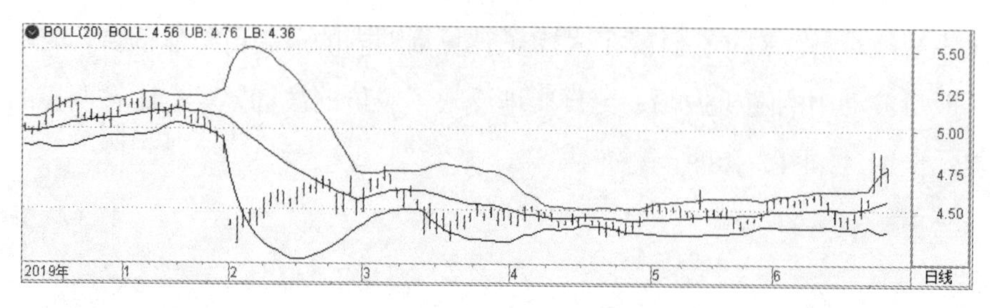


图 7-19　BOLL 指标

◆ TRIX 指标

TRIX 指标，又称为三重指数平滑移动平均线，属于趋向类指标。该指标根据移动平均线理论，对一条移动平均线进行了 3 次平滑处理，然后再根据这条移动平均线的变动情况来预测股价长期的波动趋势，是一种研究股价趋势的长期技术分析工具，如图 7-20 所示。

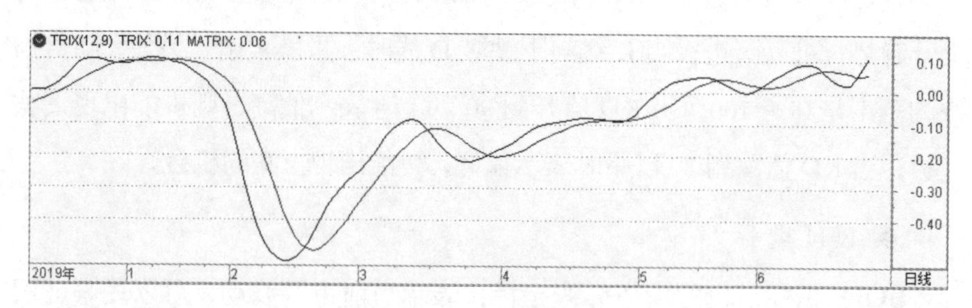


图 7-20　TRIX 指标

简单而言，TRIX 指标属于中长线指标。首先，可以自动过滤短期波动的干扰，除去移动平均线频繁发出假信号的缺陷，避免由于交易行为过于频繁而造成较大交易成本的浪费；其次，保留移动平均线的效果，突出表现股价未来长期发展趋势，帮助投资者直观、准确地了解股价未来的发展趋势，从而降低“套牢”风险，并提高投资收益。

◆ SAR 指标

SAR 指标，又叫抛物线指标或停损转向操作点指标，是一种简单易学、比较准确的中短期技术分析工具。

SAR 是以最高价、最低价作为基础的数据源，经过多重运算得出来的指标，即价格移动平均线。当股价向下跌破 SAR 时，则可以卖出股票；当股价向上突破 SAR 时，则可以买进股票。简单来说，SAR 由红色变成绿色时，卖出股票；SAR 由绿色变成红色时，买进股票，如图 7-21 所示。

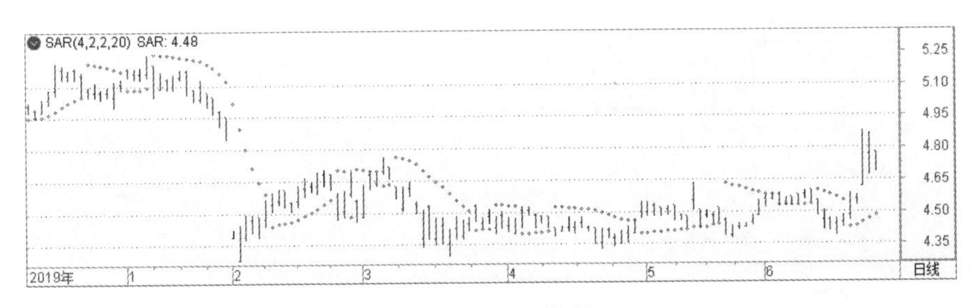


图 7-21 SAR 指标

## 7.3.3 值得注意的选股技巧

投资者在投资股票时，为了获取较高收益，需要掌握一些常见的选股技巧。

### 1. 开盘时的选股技巧

通过短线炒股的方式，快进快出可以快速赚取收益。此时，投资者可以选择波动性较大的股票，如题材股、热门股以及非大盘股等，这些股票的流通盘较小，容易被庄家或机构选中进行操作。

当然，即便是投资者将选股范围缩小到波动性较大的股票，也有上百只股票。市场的机会随时在变化，如何在这类型股票中选择最合适的股票呢？其中，最常用的方法就是在开盘一刻钟的时间内，通过涨幅和大单买入来判断庄家或机构的动向。不过此种方法比较冒险，但却能够让投机者获取更高的收益，例如万集科技（300552）。

**案例实操**

### 开盘5分钟内快速选股

万集科技（300552）在2020年6月24日的开盘情况如图7-22所示。

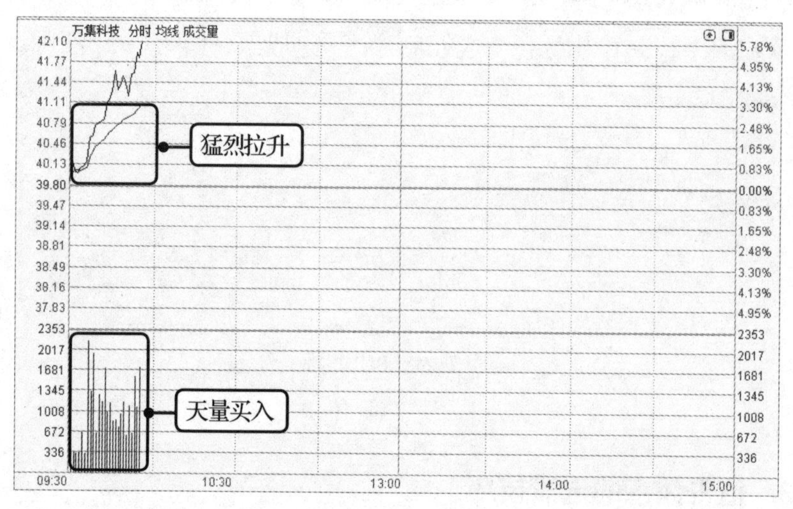


图7-22　万集科技2020年6月24日开盘5分钟的走势情况

开盘5分钟左右，该股交易的股价波动猛烈。从走势上来看，多根天量出现在底部，股价迅速得到拉升，很快涨幅达到3%以上，股价上涨到40元附近。

同时，股价突破均线，大量在高位成交，此时投资者可以初步得出庄家出现异动的结论。从该股的K线图上，可发现该股在前期下跌猛烈，5月12日股价还冲上44.08元，观察当天与后面几日的走势，可判断出庄家并没有机会离场。随后一段时间，成交量并没有出现明显增长，从天量恢复到了正常位置，股价也随着大盘走势出现明显的下跌，从44.08元下跌到34.95元，5连阴的走势让前期进入的庄家被套，如图7-23所示。

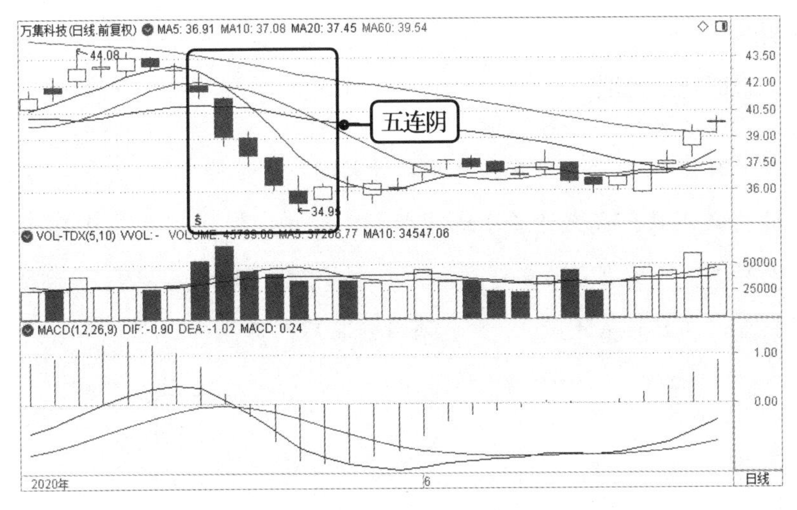


图 7-23　万集科技分时图

如果庄家想要解套，必然会将股价继续上拉，而6月24日开盘的增幅就预示着庄家已经开始行动。当天股价一直维持在高位盘整，股价没有受到大单的打压，反而以接近6.13%的上涨幅度收盘，大量买单集中在开盘30分钟内，后面进场的买单相对少很多。如果能抓住该机会，可获得不少收益。

2. 出现天量时的选股技巧

成交量是一种供需的表现，指一个时间单位内某项交易的成交数量。当供不应求时，大部分投资者都要买进，成交量放大；反之，供过于求时，市场冷清，成交量萎缩。天量主要是指成交量出现明显放量的现象，在成交量的走势中，突然出现一根或多根明显是天量的成交量，则预示着股票受到市场追捧，该情况大多出现在底部盘整和上涨过程中。

在股票成交量长期处于低迷状态时，突然出现天量情况，很可能是庄家为了赢取短期收益，大张旗鼓地买入导致，投资者抓住该机会很可能获取收益，例如香梨股份（600506）

**案例实操**

### 出现天量时快速选股

香梨股份（600506）在2019年中旬开始的下跌过程中，成交量一路萎缩，随着股价的下跌，成交量趋于地量水平。不过，在2020年5月15日成交量突然激增，股价也直接涨停，说明此时庄家已经进入，如图7-24所示。如果投资者在此时跟随买进，则很有可能在后期获利。

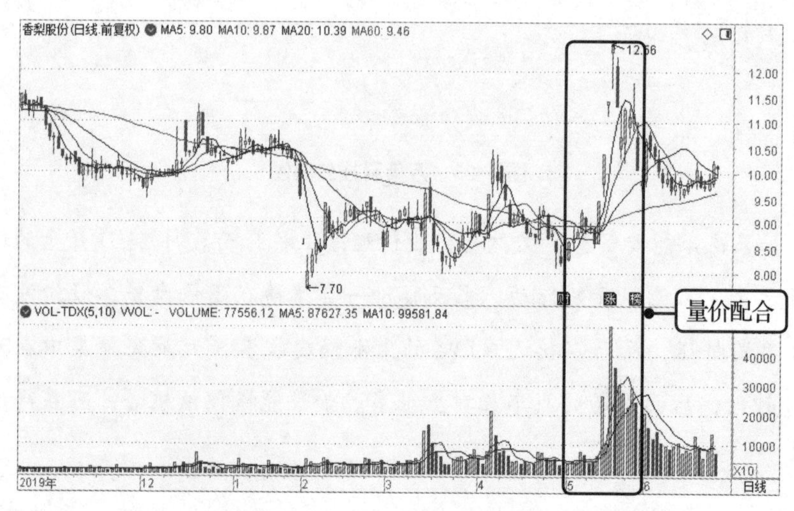


图7-24　香梨股份2019年10月至2020年6月K线图

#### 3. 概念股的选择方法

与业绩股相比，概念股是指具有某种特别内涵的股票。业绩股需要企业有良好的业绩支撑，而概念股依靠某种题材进行支撑，如生物医药概念、5G概念等。

概念股是股市中的常青树，股市中也从来不缺少概念股的炒作，如果投资者能及时抓住实时话题，自然能够在股市中获利。

**案例实操**

## 利用概念快速选股

2013 年 5 月 13 日，韩国三星电子有限公司宣布，已成功开发第 5 代移动通信（5G）的核心技术，当时预计该技术于 2020 年开始推向商业化。2019 年 12 月 23 日，全国工业和信息化工作会议在京召开，工作会议提出：我国将稳步推进 5G 网络建设，深化共建共享，力争 2020 年底实现全国所有地级市 5G 网络覆盖。

当投资者意识到 5G 网络这个新兴概念后，即可选择相应的概念股进行投资。东山精密（002384）就属于这种通信基站范畴的生产基础部件的公司。随着 2020 年的飞驰而至，5G 网络时代也正以超乎预料的速度加速到来，东山精密（002384）的股价随之上涨，如图 7-25 所示。

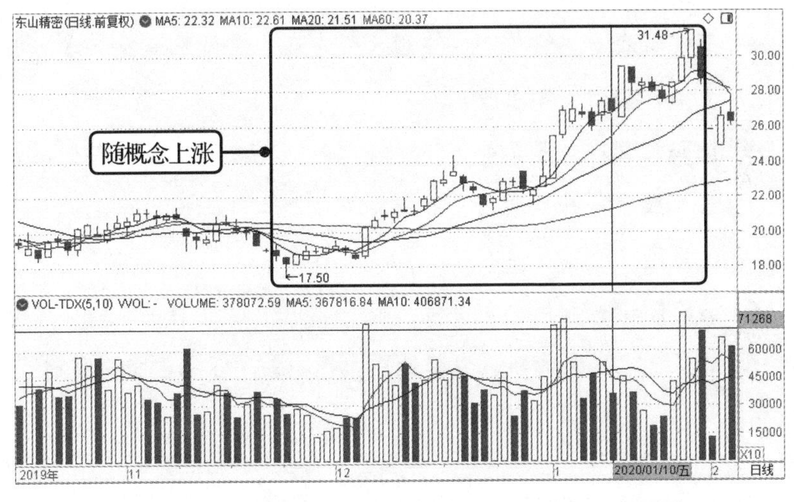


图 7-25 东山精密 2019 年 10 月至 2020 年 2 月 K 线图

目前，基站建设都离不开基站滤波器、通信基站天线和基站滤波器腔体 3 种设备，而这 3 种设备的技术都掌握在东山精密手中。目前，东山精密是国内最大、综合竞争力最强的专业从事精密钣金制造服务的企业之一，旗下业务涵盖通讯、新能源以及精密机床等业务，合作对象主要有5G建设商华为、诺基亚和爱立信，手机厂商三星、苹果，无线通信巨头安德鲁、安弗施和波尔威，精密机床制造商沙迪克、阿奇夏米尔等。

值得投资者注意的是，概念股的风险相对于业绩股而言，要大很多，涨得快也跌得快，投资者在选择此类股票投资时，注意见好就收，不应该长期持有，毕竟股票最重要的是业绩而不是所处行业。

**理财贴示** *常见的股票解套技巧*

家庭投资股票不慎被套牢时，为了减少经济损失，就需要想尽办法地解套。其中，常用的解套技巧有四种，其具体介绍如下：

- **割肉解套：**股票出现亏损时，投资者要及时止损，让损失降到可承受的范围之内。
- **反弹解套：**当股价下跌出现反弹上涨后，就算没有回本，也要立刻“割肉”卖出股票。
- **加码解套：**当股票处于下跌状态时，可以继续投入资金在低点买入股票，一旦股价上涨，就可能回本，不过也存在扩大亏损的风险。
- **分红解套：**利用公司分红，股价会出现短暂下跌的走势，投资者从低点买入股票，以降低成本损失，不过需要把握好时机。

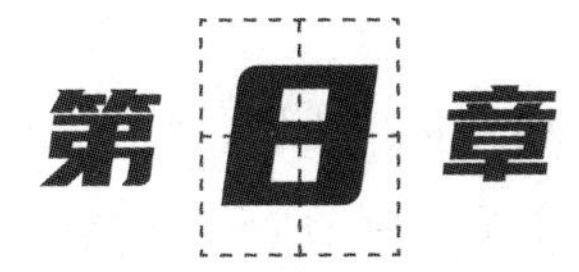


# 黄金、期货和外汇投资，拓宽家庭理财渠道

黄金、期货与外汇属于更加高端的理财方式，一些具备实力的工薪家庭不会局限在投资储蓄、基金以及股票等产品上，往往想要追求更高的收益。不过，收益往往是与风险并存的，这就注定了黄金、期货与外汇在工薪家庭理财中属于非常谨慎的投资选择。

## 8.1 家庭黄金投资

**黄金作为社会财富的象征，历来都被作为资产增值、保值的首选。随着社会经济的不断发展，越来越多的工薪家庭开始将剩余财富用于黄金投资。相对于其他理财方式而言，黄金投资比较安全，但仍然具有一定的风险。因此，工薪家庭想要通过投资黄金获取稳定的收益，还需要对其进行详细了解。**

### 8.1.1 黄金投资的品种介绍

黄金作为一种历史悠久的投资产品，具有非常高的投资价值，并且属于一种独立的资源，不会受到任何国家、贸易市场与环境的影响。黄金投资具备收藏储值和投机获利两个重要功能，其投资方式和种类比较多样。那么，家庭在投资黄金之前，应该如何选择适合自己的投资品种呢？如表 8-1 所示。

**表 8-1 黄金投资的品种**

| 名　称 | 定　义 | 优势和不足 |
| --- | --- | --- |
| 实物黄金 | 主要是买卖金条、金饰等拥有实物形态的黄金。黄金饰品既可保值，又有装饰用途；金条相较于饰品，省去了铸工和设计费用，但流通性较低；黄金存折又称为黄金储蓄，投资者通过存款方式存入相应的现金，银行为其购入黄金，提付时可为实物黄金，也可为等值现金 | 优点：以 1 ∶ 1 的形式，即多少货币购买多少黄金进行保值。<br>缺点：只能买涨、不能买跌，投资金额大，手续复杂，需要投资者辨别真假、成色 |

续表

| 名　称 | 定　义 | 优势和不足 |
|---|---|---|
| 纸黄金 | 纸黄金交易没有实金介入，是一种由银行提供的服务，以贵金属为单位的户口，投资者不需要通过实物的买卖及交收，而采用记账方式来投资黄金 | 优点：银行提供，有保障。<br>缺点：没有杠杆，费用过高。通常不能换回实物，若提取实物，需要补足资金 |
| 黄金<br>T+D | 以保证金的方式进行的一种现货延期交收业务，买卖双方以一定比例的保证金（合约总金额的 10%）确立买卖合约。同时，买卖双方还可以根据市场的变化情况，买入或卖出以平掉持有的合约 | 优点：采用最合适的交易方式，投资者可以选择银行或代理商。<br>缺点：交易不活跃，有溢价产生 |
| 期货黄金 | 以国际黄金市场未来某时点的黄金价格为交易标的的期货合约，投资者买卖期货黄金的盈亏，是由进场到出场两个时间的金价价差来衡量，契约到期后则是实物交割 | 优点：双向交易，可以买涨，也可以买跌。交易费用较低，通常为 0.02%，双边收费。<br>缺点：合约在上市运行的不同阶段，交易保证金收取标准不同 |
| 期权黄金 | 是指买卖双方在未来约定的价位具有买卖一定数量标的的权利，分为看涨黄金期权和看跌黄金期权。另外，买卖期权的费用由市场供求双方力量决定 | 优点：具有较强的杠杆性，以少量资金进行大额的投资，投资者也不用为储存和黄金成色担心。<br>缺点：期权买卖投资技巧比较复杂，期权市场也较少 |
| 黄金股票和基金 | 金矿公司向社会公开发行的上市或不上市的股票，和专门以黄金或黄金类衍生交易品种作为投资媒体的一种共同基金 | 优点：黄金基金的投资风险较小、收益比较稳定。<br>缺点：投资者不仅要关注金矿公司的经营状况，还要分析黄金市场价格走势 |

### 8.1.2 黄金的供给和需求

和其他商品一样，黄金的价格也是由其供应和需求的关系所决定。世界黄金供给和需求的变化，会直接在国际黄金价格上表现出来，而黄金供给与需求的平衡状况，则会影响国际黄金价格的涨跌。

当黄金供给大于需求时，黄金价格会下跌；当黄金供给小于需求时，黄金价格会上涨。由于黄金具有货币和商品的双重属性，所以影响供给和需求的因素也很多，具体介绍如下：

### 1. 黄金的供给

既然黄金是商品，那么黄金价格必定会围绕价值波动，而价格的变动由其供求关系决定。其中，世界黄金市场的供应主要有以下几个方面：各产金国的新产金、回收的再生黄金以及国家官方机构售出的黄金等。

◆ 矿产金的生产

矿产金的生产是黄金供应的主要来源，全世界大约存有13.74万吨黄金，地上黄金的存量每年还在大约以2%的速度增长，黄金的年供求量大约为4 200吨，每年新产出的黄金占年供应的62%。由于金矿产业投资周期长、开采成本高，如果在一个地方勘探出黄金，按照正常的流程需要7～10年才能生产出黄金。

从历史数据来看，全世界矿产金数量不可能快速增长，未来几年世界黄金产量不会变化很大，相对比较稳定。不过，地区的产量变化较大，非洲、北美洲与大洋洲黄金产量呈下降趋势，而拉丁美洲与亚洲的产量逐渐上升。其中，黄金产量较多的国家包括中国、澳大利亚、俄罗斯、美国以及南非等，许多机构根据数据分析黄金开采量将逐步下滑。

◆ 再生金的生产

矿产金的供应量非常稳定，不会造成黄金价格爆发性的大幅波动。而再生金的供应量对黄金价格起着决定性的作用，两者是正相关的关系，再生金是指通过回收旧首饰及其他含金产品重新提炼的金。

相比矿产金增长的有限性和央行售金政策上的限制性，再生金的供应更具有弹性，再生金产量主要来自制造用金量高的地区，如印度、北美、欧洲以及亚洲等。另外，在全球经济衰退时，再生金市场的供求会增加。

◆ 官方机构售金

由于黄金具有货币特性，因而各国官方机构都会储备一定数量的黄金。目前，各国家、地区或机构持有的黄金储备总量约为 40 000 吨，这是一个潜在、庞大的供应来源，即各国官方机构在市场上抛售黄金是黄金的供给来源之一。

在特殊市场下，官网储备黄金可以用来稳定国内市场经济，如通货膨胀。各国官方机构每年会根据国际黄金市场的行情售卖黄金，并进行储量的调整，增加每年的黄金储备量。通常情况下，黄金储备量较多的国家也是金矿较多的国家，因此，官方机构售金因素对黄金价格的影响显而易见，所以投资者可以重点留意这类型消息。

### 2. 黄金的需求

黄金市场呈现出多样化和迅速增长的景象，除了部分国家会买进一些黄金进行储备外，黄金还有一些其他需求。

◆ 储备与保值需求

黄金储备向来被各国官方机构用作防范通货膨胀、调节市场的重要手段，所以黄金储备是各国用于防范金融风险的重要手段之一。

对工薪家庭而言，在通货膨胀的情况下投资黄金，可以达到保值的目的。在经济不景气时，由于黄金比货币资产更保险，所以市场对黄金的需求上升，黄金价格也会随之上涨。

例如，二战尾声时，多个国家在美国新罕布什尔州布雷顿森林参会并签署了《布雷顿森林协定》。由此，国际经济体系的核心从黄金变为美元，黄金官方价格 35 美元 / 盎司一直持续到 1967 年。随着深陷越南战争，美国出现了庞大的财政赤字，各国纷纷抛售手中美元，疯狂抢购黄金，导致黄金价格爆发性上涨，并直接导致布雷顿森林体系破产。1987 年因为美元贬值，美国赤字增加，中东形势不稳等因素也促使国际金价大幅上涨。

◆ 投资需求

由于黄金具有储值与保值的特性，所以家庭对黄金存在投资的需求。对于工薪家庭而言，投资黄金不仅能达到保值的目的，还能利用金价波动获取价差收益。目前，世界局部地区政治局势动荡，石油、美元价格走势不明，促使黄金价格波动剧烈，黄金现货及依附于黄金的衍生品品种众多，黄金的投资价值明显，投资需求由此得到放大。

另外，黄金作为一种独特的资产类别，家庭中适度配置黄金能够保护和提高投资组合。很多工薪家庭开始将黄金视为可靠、有形的长期保值手段，其表现独立于其他资产。因此，黄金在投资组合中具有保护购买力、减少波动并在市场冲击期减损的作用。

◆ 消费需求

通常情况下，世界经济的发展决定着黄金的总需求，而消费需求方面主要有首饰、电子配件材料、牙科、官方金币、金章和仿金币等方面。例如，在微电子领域，越来越多的配件采用黄金作为保护层；在医学以及建筑装饰等领域，黄金因其特殊的金属性质，需求量呈上升趋势。

随着世界经济高速增长和家庭收入水平持续提高，世界各地对黄金的消费需求也随之增加，特别是亚洲的中国和印度，它们都具有黄金消费的传统与习惯，并有进一步提升消费需求的发展趋势。

黄金的供给和需求变化，直接影响着国际黄金价格，工薪家庭在分析黄金价格走势时，可以对黄金当前的供给和需求情况进行考虑。

### 8.1.3 影响黄金波动的因素分析

从70年代初期开始，黄金价格不再与美元直接挂钩，随着黄金的逐渐市场化，影响黄金价格变动的因素也日益增多。黄金价格不仅受商品供求关系的影响，政治、经济、石油、金融危机以及地区动荡等都会引起黄金价格的涨跌。

因此，家庭在投资黄金的过程中，如果希望能合理控制风险实现投资收益，还需要了解影响黄金价格波动的主要因素。

**美元走势。**美元对黄金市场的影响主要有两个方面：一方面，国际市场黄金价格以美元标价，美元升值促使黄金价格下跌，美元贬值推动黄金价格上涨。另一方面，黄金作为美元资产的替代投资工具，美元升值表明美国经济良好，股票和债券被追捧，黄金储备功能减弱；美元贬值表明通货膨胀、股市低迷等，黄金保值功能得到强化。

**石油价格。**在国际大宗商品市场上，原油是最为重要的大宗商品之一。原油对黄金存在一定影响，石油价格上涨会推生出通货膨胀，黄金作为通货膨胀的保值品，价格也会随之上涨。当然，只有在原油价格波动幅度较大时，才会极大地影响到黄金生产企业和推动各国通货膨胀，从而影响黄金市场的价格趋势。

**地缘政治。**在战争和政局震荡时，经济的发展会受到很大的限制，甚至会倒退，而黄金在历史上就是避险的最佳手段。任何时期的战争或政治局势动荡，都是导致大量投资者转向黄金，进行保守投资，从而促使黄金涨价，突发性的事件往往会让金价短期内飙升。

**利率变化。**本地银行利率的变化受美联储利率变化的影响。如果美联储提高利率，则说明美元升值，全球汇市中可以兑换到更多的其他货币，而美元强势必定对黄金价格造成打压，使黄金价格下跌；反之，美联储降低利率，黄金价格则会上涨。

**案例实操**

**国际局势下的黄金价格变化**

2014 年，中东国家的局势持续动荡。7 月份国际上又连续出现了多起空难事故，造成了严重的灾难与重大的国际影响。在此种情况下，国际现货黄金的价格出现持续上涨的走势，如图 8-1 所示。

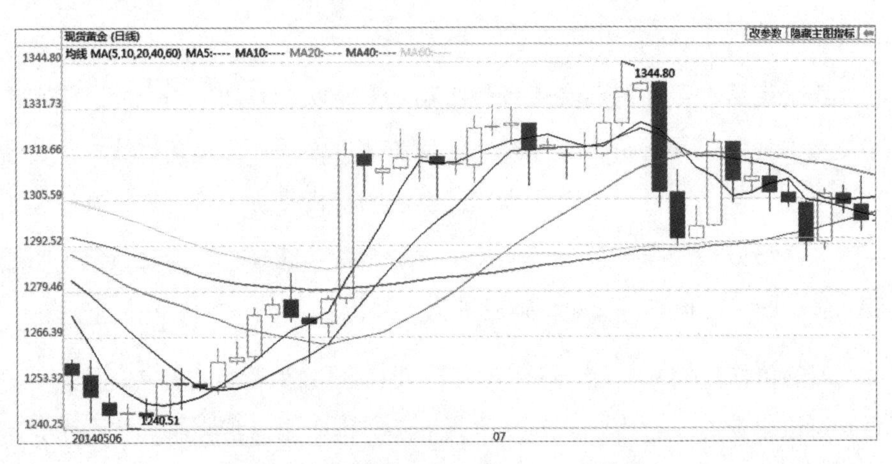


图 8-1 现货黄金 2014 年 6～7 月走势

由此可知，现货黄金价格会跟随国际形势的变化而变化，主要是因为黄金本身属于避险品，人们想避险时会购买黄金，从而使金价上涨，而国际趋势变化对市场避险需求起着重要影响。当国际局势变得紧张时，现货黄金价格升高；当局势缓和时，现货黄金价格下跌。

## 8.1.4 黄金投资流程

黄金投资与常规的商品期货投资一样，黄金供求变化会引起黄金价格波动，买卖双方可以在期货市场上自由购买和抛售黄金。

目前，国内黄金投资渠道很少，可以投资的品种也不多，投资者可去银行开办纸黄金、实物黄金和AU（T+D）业务，或者去期货公司开办黄金期货业务，具体流程如图8-2、图8-3所示。

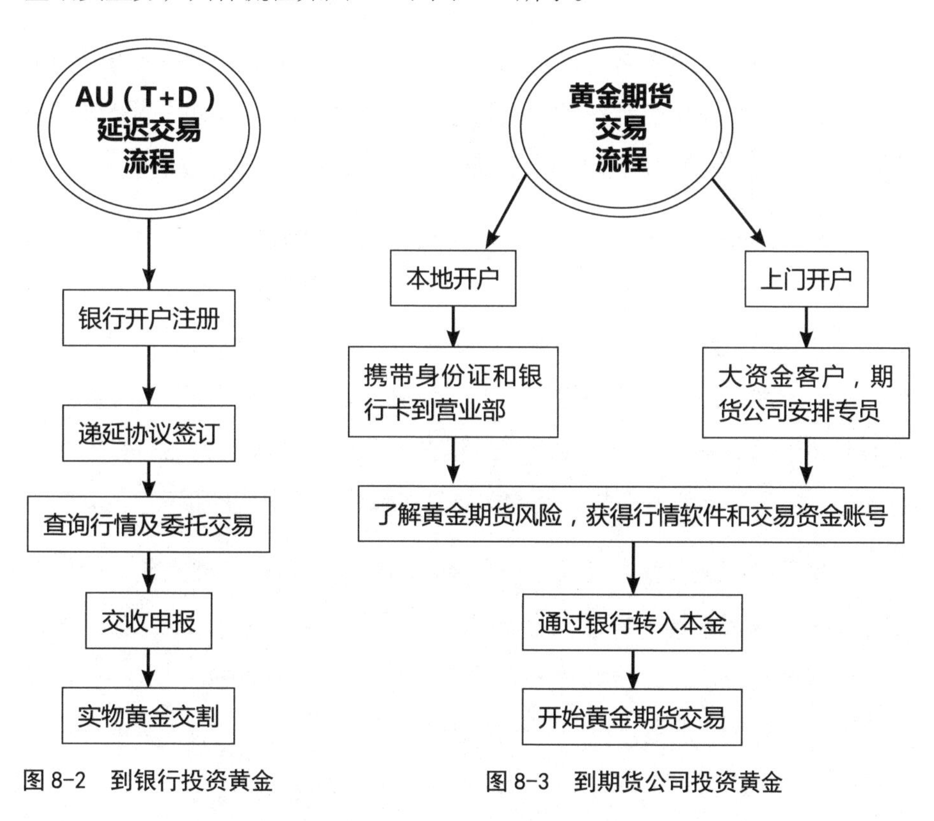


图8-2 到银行投资黄金

图8-3 到期货公司投资黄金

## 8.1.5 黄金投资的误区

在投资黄金的实际操作中，投资者容易出现各类心理误区，从而导致操作失误，账户资金严重亏损。因此，投资者有必要了解黄金投资中的常见误区。

**买黄金追涨杀跌。**当黄金价格上涨时，投资者发现了黄金投资的价值，纷纷开始抢购。在黄金暴涨过后，各国官方机构就会趁机卖出黄金，然后等到价格下跌时重新买入。因此，很多投资者认为在黄金价格快速上涨时可以买入，其实是很不明智的做法。

**买黄金股票代替黄金。**通常情况下，黄金价格的变化会直接影响到黄金股票，不过影响股价涨跌的因素也很多，若投资者想要通过黄金股票来代替黄金投资，不仅需要面临更多风险，还无法获取稳定的收益。

**执着追逐暴利。**家庭投资的目的都是为了获取稳定收益，选择黄金进行投资，并不是对黄金感兴趣，而是对黄金的利润看好。不过，如果对逐利之心处理得不恰当，可能会影响利润的获取，追求暴利就是这样一种行为。当投资者不顾客观规律执着追求暴利时，必然会在市场中频繁交易或重仓交易，使得每次交易的成功率下降，情绪发生较大的波动，然后在市场中迷失自我。另外，频繁交易还会增加交易成本，造成更大的损失。

**无视风控的重要性。**在黄金投资中，自信是必备的心理素质，因为自信能让投资者在市场不如意时无惧恐慌。不过，盲目自信无视风险，对投资者而言就是灾难，无视风控的重要性，总认为自己的决策没有错，市场会按照自己的想法发展。这类投资者通常不会设定止损，没有止损的保护，市场一旦失控，投资者将面临巨大的风险，甚至血本无归。

**盲目跟风。**黄金市场受诸多因素的影响，投资者的跟风心理就是其中的一项。对于这类投资者者，往往看见其他人买卖时会深恐落后，于是匆忙跟着买卖。在跟风心理的作用下，一旦发生突发事件，群体跟风操作会使市场力量失衡，从而导致黄金价格剧烈波动，这样往往会上那些操作市场且用意不良的人的当，使投资者面临巨大亏损。

**把市场当赌场。**具有赌博心理的黄金投资者，总是希望一夜暴富。这类投资者一旦在黄金市场中获利，往往容易被胜利冲昏头脑，像赌徒那样频频提高赌注，把自己的身家性命都押到市场中，直到输个精光为止。甚至在市场不景气时，还不惜背水一战，把资金全部投入进去，最终落得个倾家荡产。

# 8.2 家庭期货投资

**在理财产品中，许多家庭可能会认为股票是风险最大的一类投资。其实，还有比股票风险更大的投资产品，即期货。期货可以大致划分为商品期货和金融期货，商品期货是指标的物为实物商品的期货合约，而金融期货是以金融及其衍生品为投资物设计的期货合约。**

## 8.2.1 期货交易的概念

期货合约签订时，不需要进行标的物交割，交易双方只需要约定一个时间进行标的物交易即可，而标的物就是买卖合同中约定的某种物体或商品。期货主要是以某种大宗产品（如小麦、大豆以及玉米等）以及金融资产（如债券、股票等）为标的物的标准化可交易合约。因此，期货交易的标的物既可以是某种商品，也可以是金融投资产品。

投资者在买卖期货时，双方所签订的合同或协议叫作期货合约，而买卖期货的场所被称为期货市场。投资者在投资期货前，需要了解期货的一些常识，如表 8-2 所示。

表 8-2 期货的相关常识

| 名　称 | 定　义 |
| --- | --- |
| 期货交易所 | 期货交易在专门的期货交易所完成，如郑州商品交易所、上海期货交易所等。而期货的价格就是在期货交易所的交易厅中，通过公开竞价的方式产生 |
| 保证金 | 期货交易需要保证金，在投资者新开仓时需要交纳初始保证金。初始保证金账面余额低于维持保证金时，投资者必须在规定时间内对其进行补充 |
| 结算 | 根据期货交易所公布的结算价格，对交易双方的交易盈亏状况进行资金的清算 |
| 交割 | 在期货合约到期时，根据期货交易所的规则与程序，交易双方通过期货合约中所载商品所有权的转移，了结到期末平仓合约的过程 |
| 交易时间 | 期货交易采用的 T+0 的交易方式，24 小时不停歇地交易，投资者可以随时参与交易，随时进行平仓。这样可以方便投资者在获取收益后及时离场，在面临亏损后及时止损 |
| 套期保值 | 把期货市场当作转移价格风险的场所，把期货合约作为将来在现货市场上买卖商品的临时替代物，投资者由此可以赚取差价 |

期货交易是在现货交易的基础上发展而来的一种交易方式，交易对象不是商品的实体，而是商品的标准化合约，交易目的是转移价格风险或获取风险利润。期货交易具有以下特点：

**合约标准化。**除了价格外，期货合约的所有条款都预先由期货交易所规定好，具有标准化的特点。这给期货交易带来了极大便利，交易双方不需要对交易的具体条款再协商，节约时间并减少纠纷。

**交易集中化。**期货交易必须在期货交易所内进行，同时期货交易所实行会员制，只有会员才能进场交易。其他投资者想要参与期货交易，就只能委托期货经纪公司代理操作。

**杠杆机制。**期货交易实行保证金制度，即投资者在进行期货交易时需缴纳保证金，通常为成交合约价值的5%～10%，以小博大，实现多倍的合约交易，该特点吸引了大量投资者参与期货交易。

**双向交易。**投资者不仅可以买入期货合约作为期货交易的开端（称为买入建仓），也可以卖出期货合约作为交易的开端（称为卖出建仓），即常说的“买空卖空”。

**每日无负债结算制度。**在每个交易日结束后，交易所会对投资者当日的盈亏状况进行结算，在不同投资者之间根据盈亏进行资金划转。若投资者亏损严重，保证金账户资金不足，会要求投资者在下一日开市前追加保证金，确保每日没有负债。

**案例实操**

**期货每日无负债结算制度**

2020年3月24日黄豆一号主力合约报收4 404元/吨，此时李先生以看多介入1手，则只需要支付4 404×10×5%=2 202元，到6月12日主力合约上涨到收盘的4 697元/吨，则李先生平仓可以获得（4 697−4 404）×10=2 390元。

如果主力合约下跌到4 221元/吨，则李先生亏损为1 830元；如果主力合约继续下跌至4 183元，则在李先生亏损达到2 210元的时候，保证金不足。此时，期货公司会提醒李先生，要么追加保证金，要么实施强行平仓。

### 8.2.2 期货和股票的区别

在很多家庭眼中，期货与股票类似，差别不大，其实期货交易与股票交易还是存在很多差异的。在金融市场中，股票投资的收益主要来源于股票交易的差价和上市公司的股息红利，但期货交易的利润只来源于价差，完全依赖于投资者对市场价格走势的预测。虽然期货投资可以套用股票的投资方法，但有些差异还是比较明显，如表 8-3 所示。

表 8-3　期货和股票的区别

| 对比项目 | 期　货 | 股　票 |
| --- | --- | --- |
| 品种 | 品种有限，代表性较强 | 上市股票多，具有选择性 |
| 资金 | 保证金交易，杠杆作用明显 | 全额保证金交易 |
| 交易方式 | T+0 交易，交易日可以随时交易和买卖，有做空机制 | T+1 交易，当天买入第二个交易日才能卖出，没有做空机制 |
| 信息披露 | 产量、消费量及主产地的天气等报告 | 公司财务报表等 |
| 风险 | 期货有成本，价格过度偏离会被市场纠正，风险来自投资者的操作水平 | 上市公司可能被摘牌，股价出现暴跌 |
| 时间 | 到期必须交割或者用对冲方式解除履约责任 | 投资者可以长期持有 |

从上面的对比可以看出，期货市场是一个投机市场，因为期货市场波动很大，期货合约有时间约定因素，这使得期货投资者总是频繁买卖；股票市场主要以投资为主，股票的长期走势与表现由该公司的价值和基本面决定，所以投资期货比投资股票更要有一颗坚韧的心。

### 8.2.3　主要期货品种介绍

目前，期货主要分为两大板块，分别是商品期货和金融期货。其中，商品期货又可细分为农产品期货、金属期货（包括基础金属与贵金属期货）和能源期货三大类。金融期货主要指传统的金融商品或工具，如股指期货、国债期货、利率期货以及汇率期货等，如表 8-4 所示。

表 8-4 常见的期货品种介绍

| 交易所名称 | 介　　绍 | 交易品种 |
| --- | --- | --- |
| 郑州商品交易所 | 简称郑商所，成立于 1990 年 10 月 12 日，是我国第一家期货交易所，也是中国中西部地区唯一的期货交易所。郑商所是我国第一个从事以粮油交易为主，逐步开展其他商品期货交易的场所，前身是中国郑州粮食批发市场，于 1993 年 5 月 28 日正式推出期货交易 | 包括强麦、普麦、棉花、棉纱、苹果、白糖、PTA、菜籽油、油菜籽、玻璃、动力煤、甲醇、硅铁以及锰硅等 16 个期货品种，其中小麦包括优质强筋小麦和硬冬小麦 |
| 大连商品交易所 | 缩写为 DCE，是中国最大的农产品期货交易所，全球第二大大豆期货市场。大连商品交易所成立于 1993 年 2 月 28 日，是经国务院批准并由中国证监会监督管理的四家期货交易所之一，也是中国东北地区唯一一家期货交易所 | 包括大豆 1 号、大豆 2 号、豆粕、豆油、玉米、玉米淀粉、聚乙烯、棕榈油、聚氯乙烯、焦炭、焦煤、铁矿石、鸡蛋、纤维板、胶合板、聚丙烯和乙二醇 15 个期货品种 |
| 上海期货交易所 | 缩写为 SHFE，依照有关法规设立，履行有关法规规定的职能，按照其章程实行自律性管理的法人，受中国证监会集中统一监督管理。上海期货交易所现有会员 398 家，其中期货经纪公司会员占 80% 以上 | 包括铜、铝、锌、铅、纸浆、橡胶、黄金、燃料油、螺纹钢、线材、白银、沥青、沥青 1906、热卷、锡和镍等 11 种期货品种 |
| 中国金融期货交易所 | 缩写 CFFEX，是经国务院同意，中国证监会批准，由上海期货交易所、郑州商品交易所、大连商品交易所、上海证券交易所和深圳证券交易所共同发起设立的交易所，于 2006 年 9 月 8 日在上海成立 | 包括沪深 300、上证 50、中证 500、2 年期国债、5 年期国债和 10 年期国债等期货品种 |

## 8.2.4 期货投资流程

在选择投资期货时，投资者只有具备了良好的心理素质与承担风险的能力，才能冷静地处理交易业务，面对瞬息万变的价格行情才能冷静地分析与观察，从而做出合理的决策。在确保具有相应的投资能力后，投资者可以按照期货交易流程进行期货投资。

1. 期货账户的开立

期货的账户开立主要有两种情况，分别是开户主体为个人与开户主体为法人。如果开户主体为个人，投资者只需要准备本人身份证和银行卡前往开户营业网点开户即可；如果开户主体是法人，开户流程相对复杂一点，具体操作流程如图 8-4 所示。

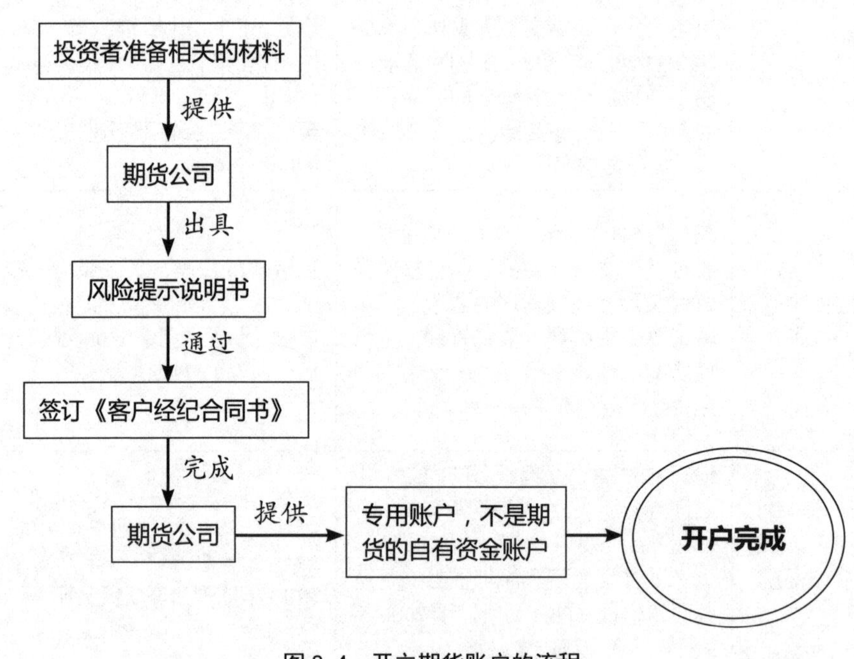


图 8-4　开立期货账户的流程

2. 期货交易流程

投资者成功开立期货账户后，就可以开始投资自己看好的期货产品，具体的交易流程如图 8-5 所示。

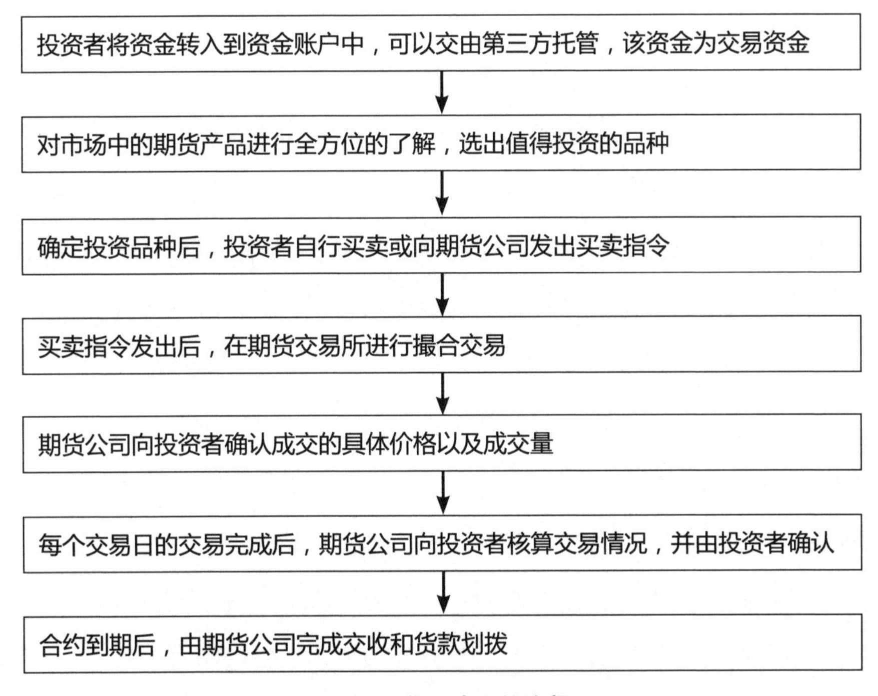


图 8-5　期货交易的流程

## 8.2.5　期货交易的风险

不管是哪种投资产品，都存在相应的风险，只是风险的大小不同以及对未来的收益影响不同。期货交易的风险是客观存在的，并且由于期货自身具有的交易特点，风险因素被放大。因此，投资者在进行期货投资时，需要对其风险进行认识，确保该风险在自己所承受的范围内。其中，期货交易的常见风险如下：

**经纪委托风险。**投资者在选择期货公司并确立委托的过程中产生的风险。投资者在选择期货公司时，需要从规模、资信以及经营状况等方面进行对比，从而选择出最适合自己的期货公司，并与之签订期货经纪委托合同。

**流动性风险。**由于市场流动性差，期货交易难以快速、方便的成交所产生的风险。投资者在建仓时，难以在最理想的时机和价格入市建仓，而平仓时又难以用对冲方式进行平仓，特别是在期货价格呈连续单边走势时，投资者往往因不能及时平仓而遭受惨重损失。

**强行平仓风险。**由于期货公司根据交易所提供的结算结果，每天都要对交易者的盈亏状况进行结算，所以当市场的期货价格波动较大，投资者账户中的保证金不能按时进行补充时，投资者可能会面临强行平仓风险。

**交割风险。**由于期货合约都存在期限，当合约到期时，所有未平仓合约都必须进行实物交割。因此，新入市的投资者最好不要将手中的合约持有到交割日，避免陷入被“逼仓”的困境。

**市场风险。**投资者在投资期货时，最大的风险来自市场价格的波动，市场价格的波动会给投资者带来交易盈利损失的风险。因为期货市场本质上使用的是杠杆原理，在该原理下风险会被放大，投资者需要时刻注意防范。

# 8.3 家庭外汇投资

**家庭成员在银行存款时，不仅可以看到各种存款利率，还能看到各种外汇汇率，这也给工薪家庭带来了投资机会。随着外汇交易行业在国内的不断发展，国内的工薪家庭已经可以通过一些合规平台参与到外汇交易中来。那么，什么是外汇呢？如何进行外汇投资？**

## 8.3.1 外汇和汇率知识

外汇有两种含义，一种是外汇本身的含义，即外国货币；另一种是外汇理财，即投资者可以通过外汇汇率的变化从中获得收益。外汇作为一种投资产品，是所有投资者都可以接触的东西，不过在投资外汇之前，需要先对外汇的标价法进行了解。

外汇标价法主要用于确定两种不同货币之间的比价，首先需要确定以哪个国家的货币作为标准，由于标准的不同，产生的外汇标价方法也不同，常用的外汇标价法如下：

**直接标价法。**又称为应付标价法，是以一定单位的外国货币为标准，来计算应付出多少单位本国货币。简单而言，就是计算购买一定单位外币所应付多少本币。例如，美元兑换人民币的直接汇率标价为7.0638，即1美元可以兑换7.0638元人民币。

**间接标价法。**又称为应收标价法，是以一定单位的本国货币为标准，来计算应收若干单位的外国货币。在国际外汇市场上，欧元、英镑、澳元等均为间接标价法。例如，欧元兑换美元的直接汇率标价为1.1227，即1欧元可以兑换1.1227美元。

**美元标价法。**又称为纽约标价法，在美元标价法下各国均以美元作为基础货币。在进行非美元外汇买卖时，根据各自对美元的汇率计算出买卖双方货币的汇价。

另外，投资者还需要知道投资外汇的市场有哪些，外汇交易主要分为现货外汇交易和期货外汇交易，通常以现货外汇交易为主。现货外汇交易主要有通过银行直接交易和通过外汇交易商利用保证金交易两种，对于工薪家庭而言主要是以保证金交易为主。

## 8.3.2 外汇买卖操作技巧

在保证金交易的模式下，外汇交易商会给投资者提供相应的保证金额度和点差手续费。其中，外汇交易以“手”为交易单位，1 手是以 10 万元为货币单位。

为了了解汇率的变动大小，通常用“点”来对其进行衡量，即“点”是外汇交易中汇率变动的基本单位。按国际市场惯例，汇率通常由 5 位有效数字组成，最后一位数字被称为基本点，它是构成汇率变动的最小单位。

例如，1 欧元兑换 1.1227 美元用公式表示为 EUR/USD=1.1227，表明在以欧元为基础单位的外汇报价中，最小变动的点是 0.0001，即下一个时间 EUR/USD=1.1228，持有多仓的投资者就能收益 0.0001 点，该设计基础货币注定买一个基础单位的货币收益较小。因此，定义 1 手作为基本交易单位，1 手又等于 10 万基础货币，则 EUR/USD 在变动 0.0001 之后，多仓投资者持 1 手的收益最终为 10 点。

想要知道每 1 点是多少美元，首先需要计算出每 1 手所含的价值，由于基础货币为欧元，因此需要换算为美元，在汇率为 1.1227 时，就有 1 手 =10 万欧元 =11.227 万美元，所以在下一个时间的收益为：11.228 万美元 −11.227 万美元 =0.001 万美元 =10 美元，这里计算的是 1 手，而 1 手的最终收益为 10 点，所以 1 点的收益为 1 美元。

当然，在外汇牌价中不是只有一个价格，而是双向的报价。

例如，EUR/USD=1.1275/78，前面报价为卖出报价，即看空时的买入价，看多时的卖出价；后面报价为买入报价，即看多时的买入价，看空时的卖出价。当买 1 手 EUR/USD 时，实际上买的是 1.1278，而卖出的价格是 1.1275，买进不一定就会赚钱，需要有长期趋势判断。当 EUR/

USD=1.1278/81 时再卖出，就可以盈利。

前面例子中的卖出价格与买入价格不同，存在中间差价，这个中间差价就叫作点差，是外汇交易商收取的手续费用。外汇交易商在网上进行外汇交易时，通过所产生的点差来获取利润。

简单而言，点差是买入价与卖出价之间的差额，投资者往往会以一种货币交易另一种货币，所以外汇交易货币往往是针对当前与另一种货币对比的价格进行报价。例如，欧元兑换成美元的汇率是 1.1227，而美元兑换成欧元的汇率是 0.8907，这对货币对的点差就是 0.232。

### 8.3.3 查询外汇牌价

与其他大多数理财产品一样，外汇投资也需要查询相应的行情数据，从而判断当前是否适合投资，例如查询外汇的牌价。

**案例实操**

**通过和讯网查询外汇牌价**

进入和讯网（http://www.hexun.com/），在首页菜单栏中单击“外汇”超链接，如图 8-6 所示。

图 8-6 进入到外汇行情网站中

在打开的外汇页面中，单击“实时行情”超链接。进入行情中心页面中，在“外汇数据排列”栏中可以查看到各种外汇产品当前的数据信息，如现价、涨幅与跌幅等。然后单击需要查看的外汇名称的超链接，如这里单击“欧元美元”超链接，如图 8-7 所示。

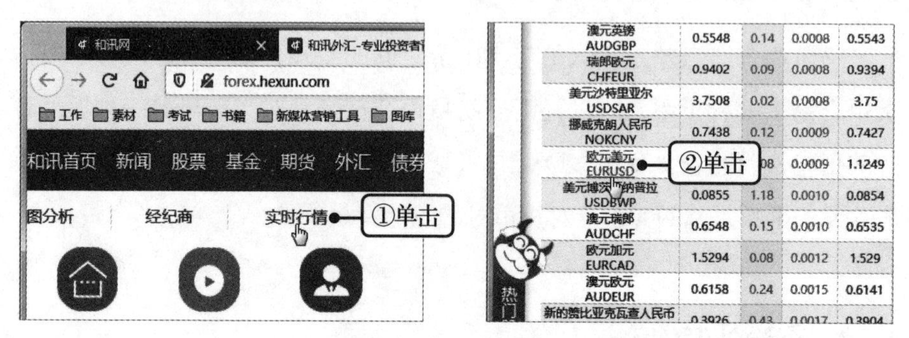


图 8-7　选择外汇产品

在打开的分时图页面中即可查看到该类外汇的牌价和分时图信息，如图 8-8 所示。

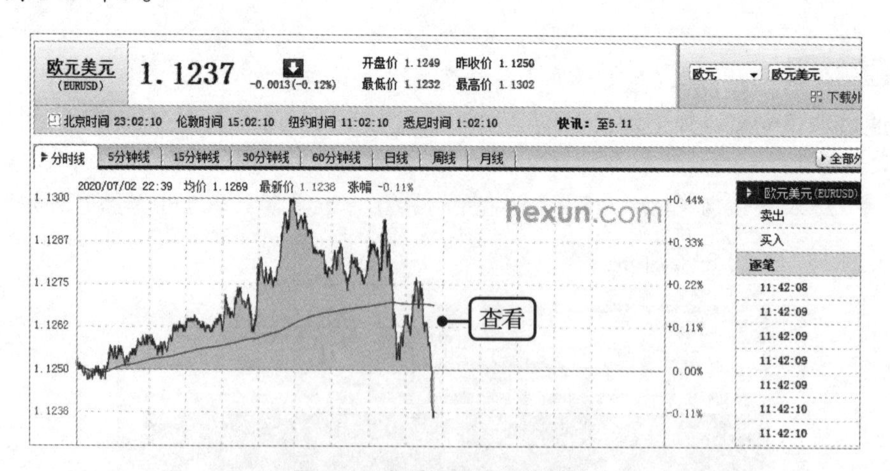


图 8-8　查看外汇产品的牌价

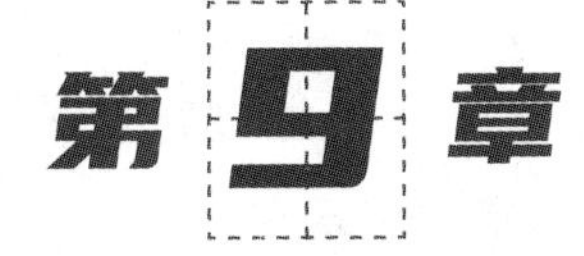


# 未雨绸缪，家庭成员退休及遗产规划

在人生的每个阶段，都需要提前做出合理的规划，这样才能在遇到突发情况时不至于慌乱。合理而有效的退休养老及遗产规划，不但可以满足家庭成员退休后的生活需要，保障他们的生活品质，还能避免家庭纠纷。

# 9.1 退休规划入门

**通俗地说，退休规划并不是单纯地计算自己有多少养老金，而是为了保证未来有一个较好的退休生活，从现在起就开始做的财务方案。工薪家庭需要在有稳定工作与收入时，合理筹集资金，规划家庭的支出情况，确保退休后能有更好的生活保障。**

## 9.1.1 养老保险的基本常识

想要在年老后生活有保障，可以通过养老保险、金融投资以及以房养老等方式来筹集资金。通常情况下，大部分工薪家庭会选择购买养老保险，以确保能够安享晚年。

养老保险也称为老年保险，是一种最主要的社会保险制度，主要分为社会养老保险和商业养老保险两种，具体区别如表 9-1 所示。

表 9-1 社会养老保险和商业养老保险的区别

| 区别项目 | 说　明 |
| --- | --- |
| 性质 | 社会养老保险属于国家强制实施的社会保险制度，是政府行为；<br>商业养老保险属于保险公司性质，以营利为目的，遵循投保者自愿原则投保 |
| 责任 | 社会养老保险属于公民享有的一项基本权利，政府对社会保险承担最终的兜底责任；<br>商业养老保险受市场竞争机制的约束 |

续表

| 区别项目 | 说　明 |
|---|---|
| 标准 | 社会养老保险以当年国家的规定为准；<br>商业养老保险以保险公司合同为准 |
| 缴费时长 | 社会养老保险的缴费时长要求最少交够 15 年（特殊情况除外），且中间最好不要间断（各地政策不同）；<br>商业养老保险的缴费时长比较灵活，可以一次性交清，也可以选择 3 年、5 年、10 年或 20 年缴纳费用（不同产品的缴费时长不同），工薪家庭可以根据实际情况来选择 |
| 领取时间 | 社会养老保险开始领取的时间是退休之日，所以对于社保养老金的收益来说，延迟退休是非常不利的政策。例如，延迟退休 1 年，则相当于多交 1 年养老保险，少领 1 年养老金；<br>商业养老保险的领取时间比较灵活，不同的产品领取时间不同，同样的产品也可以设置不同的领取时间，可以根据实际情况来选择。例如，大部分养老金都可以在任何时间点申请部分领取 |
| 缴纳比例 | 社会养老保险是个人缴纳少部分，单位缴纳大部分，可以看作是一种福利。通常情况下，单位缴纳 60%，个人缴纳 40%；<br>商业养老保险是个人缴纳全部，即个人缴纳 100% |
| 收益率计算方法 | 社会养老保险的收益率变化幅度较大，分以下 3 个时间节点。<br>①退休前身故：领取账户内个人缴纳的部分，此时收益率可以近似看作社保基金的收益率。<br>②退休没多久身故：领取丧葬费与个人账户内的钱，比第一种情况略高一些。<br>③退休很久才身故：活的越久，收益越高。<br>商业养老保险的收益率非常稳定，由于现金价值的存在，在一定年度后即可回本 |

由此可知，如果投保人长寿，则社会养老保险比商业养老保险的收益更高；如果情况有变，商业保险能保证稳定收益。不过，没有谁能确保自己活多长时间，所以两者结合做养老规划，最为合适。

### 9.1.2　退休金的理财规划

养老退休需要有一个详细的理财规划，那么年轻时如何通过理财规划老年生活呢？为家庭成员量身制定养老规划，可以避免因通货膨胀、失业以及重大病患等未知的情况，导致生活陷入困境。

在制定计划之前，投资者需要知道家庭成员养老到底要花多少钱，具体介绍如下：

- **第一步**：计算每月或每年的平均生活费用支出，然后根据当前经济环境结合通货膨胀率与退休年数，计算出退休后的每月或每年的生活费用金额。最后，估计出预期寿命，即可测算出退休生活总共需要花费多少钱。
- **第二步**：计算养老金的差额，即计算出来的养老金总需求与基本社会保障养老金、家庭预存的养老准备金之间的差额。
- **第三步**：根据养老金差额和离退休年数，测算从当前到退休时每年的储蓄金额。

**案例实操**

### 徐先生夫妇的退休金计算

徐先生家里只有他一人在上班，妻子是一名家庭主妇，主要在家照顾孩子与老人。目前，徐先生就职于某科技公司，打算20年后退休，退休后预计余寿30年。退休后每年开销的现值为5万元，假设年通货膨胀率为3%，年投资报酬率在徐先生工作期间为8%，在他退休后为6%。另外，徐先生夫妻现有资产20万元，现在需要预测是否能够满足退休金的总需求。

①退休第1年的生活费计算方法如下：

退休当年的生活费 = 50 000×（1+3%）$^{20}$=90 305.56（元）

②计算徐先生在退休当年的退休金总需求，徐先生退休后每年所需开销构成一个期初增长型年金，使用期初增长型年金求现值的公式：

退休金总需求 =90 305.56×（1+6%）×[1-（（1+3%）÷（1+6%））$^{30}$]÷（6%-3%）=1 914 477.87（元）

也就是说，徐先生在退休后，夫妻两人的退休金总需求为1 914 477.87元。

③将退休金总需求折合到现在，然后计算现值缺口，计算方法如下：

折合现值 =1 914 477.87÷（1+8%）$^{20}$=410 832.16（元）

现值缺口 =410 832.16- 200 000 = 210 832.16（元）

由此可知，徐先生夫妇现在还有接近20万元的缺口，虽然缺口不是非常大，但也需要引起注意，好好筹划资金存期与投资事项，避免将来出现无钱可用的情形。

# 9.2 如何选择商业养老保险

**虽然国家推行了社会养老保险，但它并不能提供高品质的退休生活，存在的缺口应该怎么补足呢？商业养老保险是个最佳选择。在经济上比较宽裕的工薪家庭，可以提前购买商业养老保险进行保障，为退休后能享受高品质生活做好准备。**

## 9.2.1 商业养老保险的种类

简单而言，商业养老保险就是年轻时缴纳保费，年老时能够领取养老金来养老的保险，可以作为社会养老保险的补充，能够很好地弥补社会养老保险的不足。目前，市面上的商业养老保险主要有如表 9-2 所示的 4 种。

**表 9-2　商业养老保险的分类**

| 名　　称 | 介　　绍 | 优 缺 点 | 适合人群 |
| --- | --- | --- | --- |
| 传统型养老险 | 投保人与保险公司通过签订合同，约定养老金的领取时间与额度，预定利率通常为 2.0% ~ 2.4% | 优点：回报固定，风险低。<br>缺点：较难抵御通胀的影响，由于产品为固定利率，若通胀率比较高，长期看就存在贬值的风险 | 以强制储蓄养老为主要目的，适合在投资理财上比较保守的家庭 |
| 分红型养老险 | 通常有保底的预定利率，但比传统养老险的利率稍低，通常只有 1.5% ~ 2.0%。除了固定最低回报外，分红型养老险的持有人每年还可以获得不确定的红利 | 优势：除了约定的最低回报，收益还与保险公司业绩挂钩，可回避通货膨胀对养老金的威胁，使养老金相对保值、增值。<br>弊端：分红具有不确定性，与保险公司的经营状况有关，也可能因该公司的经营业绩不好而使自己受到损失 | 适合既要保障养老金的最低收益，又不甘心只获得较低的收益的家庭 |
| 万能型寿险 | 在扣除部分初始费用和保障成本后，保费转入个人投资账户，通常有 1.75% ~ 2.5% 的保底收益。除了必须满足约定的最低收益外，还有不确定的其他收益 | 优势：下有保底利率，上不封顶，账户透明，存取灵活，可以抵御银行利率波动和通货膨胀的影响。<br>劣势：存取灵活是优势也是劣势，对储蓄习惯差、自制力不强的投资者来说，可能最后存不够所需的养老金 | 适合理性投资，且能够坚持长期投资，自制能力强的家庭 |
| 投资连结保险 | 属于长期投资的产品，设有不同风险类型的账户，与不同投资品种的收益挂钩。另外，不设保底收益，保险公司只是收取账户管理费，盈亏全部由投资者户自负 | 优势：以投资为主，兼顾保障，由专家选择理财投资品种，不同账户之间可自行灵活转换，以适应市场不同的形势。坚持长线投资，可能获得高收益。<br>劣势：属于保险中投资风险最高的一类，如果因短期波动而盲目调整，可能损失较大 | 不适合将养老寄托于此的家庭，适合风险承受力强的年轻家庭，以投资为主要目的，兼顾养老 |

**理财贴示** *高龄养老津贴*

为了提高高龄老人的生活质量，部分地区响应国家号召实行了高龄养老津贴的政策，为高龄老人发放退休金之外的补贴。例如，北京 80 岁以上老人每月补贴 100 元。

## 9.2.2 购买养老险的实战

每个人都会慢慢变老，这是不可避免的事实，但是退休后的老年生活应该怎么过，却取决于当前所做的决定。如果年轻时没有及时做好养老规划，等到年老时意识到该问题却已经来不及了。因此，养老保险有着不可取代的作用。

在选择了自己需要的养老保险类别后，还需要确定养老保险的缴费方式、具体保额以及领取方式等内容，只有做出最合适的选择，才能更好地确保自己的养老利益。

- ◆ 养老保险采取复利计息的方式，缴费方式和期限不同，保费就会有很大差别。通常情况下，若只看中收益，可以考虑一次性付清所有保费或者签约较短的缴费期；如重点关注保障，可以选择较长的缴费期。一次性付清所有保费相对比较省钱与方便，较长缴费期则每次投入较少，家庭的经济负担也较小，但适当缩短缴费期限可以降低保费总额。
- ◆ 商业养老保险提供的养老金额度，最好占到全部养老保障需求的 25% ~ 40%。通常情况下，购买商业养老保险的保额在 30 万元左右比较合适。
- ◆ 一般情况下，商业养老保险的领取年龄有 50 岁、55 岁、60 岁和

65 岁等几个选择，而领取方式分为一次性领取、年领和月领 3 种情况，投资者可以根据家庭情况进行选择。

另外，工薪家庭在配置养老保险的同时，可以考虑购买疾病险、意外险或医疗险等辅助险种，以便对家庭成员的退休生活进行全面保障。

## 9.3 遗嘱的相关知识

**遗嘱是指人生前在法律允许的范围内，按照法律规定的方式对其遗产或其他事务所作的个人处理，并于遗嘱人死亡时发生效力的法律行为。投资者在进行退休规划的过程中，订立一份合理的遗嘱，可以有效避免很多不必要的纠纷。**

### 9.3.1 如何立遗嘱

遗嘱就是人们在生前或者临终时嘱咐处理身后事的话或字据，遗嘱人可以按照自己的意愿，将自己的财产指定由法定继承人或其他的人继承，此种行为属于单方面的法律行为，无须经他人同意，自遗嘱人死亡时起，遗嘱即可生效。

根据民法典里面的相关法律规定，只要是立遗嘱，都需要符合一定的条件才能使遗嘱生效。遗嘱生效的条件通常如下：

◆ 遗嘱人必须具有立遗嘱的能力

立遗嘱的人必须要具备相应的立遗嘱能力，即只有具有完全民事行为能力的人才有资格立下自己的遗嘱。没有行为能力的人所立的遗嘱，即使后来本人有了行为能力，仍属于无效遗嘱。不过，遗嘱人在立遗嘱时有行为能力，后来丧失了行为能力，该遗嘱仍然具有法律效力。

◆ 遗嘱内容为遗嘱人的真实意愿

所立下的遗嘱内容必须是遗嘱人真实意思的表示，不是因为受到胁迫或者欺骗而写下的内容。受胁迫、欺骗所立的遗嘱无效，伪造的遗嘱无效，遗嘱被篡改的，篡改的内容无效。

◆ 处分的遗产为个人合法财产

遗嘱里面所包含的内容必须合法，只有遗产所有人才能处理自己合法的所有遗产，不能通过立遗嘱来处理并不属于自己的财产，处理其他人的财产是无效的。

◆ 立遗嘱时要给特殊继承人保留必要份额

不能刻意取消或减少法定继承人中已经缺乏劳动能力没有生活来源的人的继承权利和份额。由于缺乏劳动能力或者丧失劳动能力，这部分继承人没有生活来源或者有生活来源却无法维持基本生活，若不为他们保留必要的继承份额，他们的生存将存在危机。因此，若遗嘱中存在剥夺这种人继承权的内容，所涉内容将会无效。

◆ 遗嘱中保留胎儿的继承份额

胎儿还未出生，遗嘱人死亡，但遗嘱人承担抚育子女的责任与义务并没消失。胎儿还需要抚育，保留胎儿的继承份额，可以最大限度地使其健康成长。所以在扣除胎儿应该继承的份额后，其他继承人继承的遗产才生效。

◆ 合法的遗嘱形式

立遗嘱的形式也要合法，合法的方式包括公证、自书、代书、口头或录音等。其中，公证遗嘱需要通过公证机关来办理，自书遗嘱要由遗嘱人亲笔书写下来。

### 9.3.2 了解遗嘱的形式

遗嘱能够以多种形式体现，可能是一张纸，可能是几句话，也可能是一段语音或视频，那么遗嘱具体有哪些形式呢？根据法律规定，遗嘱可采用如下 5 种方式。

**公证遗嘱。**经过国家公证机关依法认可的书面遗嘱，由遗嘱人向公证机关办理。与其他遗嘱相比，公证遗嘱是最严格的遗嘱方式，更能保障遗嘱人意思表示的真实性，因而效力最高。其中，公证遗嘱也是处理遗嘱继承纠纷时最可靠的证据。

**自书遗嘱。**是遗嘱人亲笔书写制作的遗嘱，由遗嘱人亲笔将自己的意思用文字表达出来。自书遗嘱由遗嘱人亲笔书写、签名，并注明年、月、日。自然人在涉及死后个人财产处分的内容，确为死者的真实意思表示，有本人签名并注明了年、月、日，又无相反证据时可按自书遗嘱对待。

**代书遗嘱。**又称为代笔遗嘱或口授遗嘱，由遗嘱人口述遗嘱内容，他人代为书写而制作的遗嘱。为了保证代笔人书写的遗嘱确实是遗嘱人的真实意思表示，减少不必要的纠纷，代书遗嘱应当有两个以上见证人在场见证，由其中一人代书，注明年、月、日，并由代书人、其他见证人和遗嘱人签名。如果遗嘱人不会书写自己名字，可按手印。

**录音遗嘱。**以录音方式录制下来的遗嘱人口授的遗嘱，用该遗嘱方式所立遗嘱容易被伪造。因此，法律规定以录音形式立遗嘱时，应当有两个以上见证人在场见证，以证明遗嘱的真实性。

**口头遗嘱。**由遗嘱人口头表述的，而不以任何方式记载的遗嘱。遗嘱人在危急情况下，可以立口头遗嘱。由于口头遗嘱完全靠见证人表述证明，很容易发生纠纷，所以应该有两个以上见证人在场见证。危急情况解除后，遗嘱人能够用书面或者录音形式立遗嘱时，所立的口头遗嘱无效。

另外，遗嘱人可以撤销、变更自己所立的遗嘱，如果立了多份遗嘱，内容有冲突的，则以最后的遗嘱为准。除了公证遗嘱以外，自书遗嘱、代书遗嘱、录音遗嘱和口头遗嘱的效力是相同的。注意，遗嘱的内容是遗嘱人的真实意思表示，由遗嘱人本人亲自作出，不能由他人代理。

由于遗嘱是遗嘱人生前以遗嘱方式，对其死亡后的财产归属问题所作的处分，死亡前还可以对遗嘱进行变更、撤销，所以遗嘱必须以遗嘱人的死亡作为生效的条件。

### 9.3.3 遗嘱包含的内容

立遗嘱是一种民事法律行为，遗嘱的内容不得违反法律和社会公共利益，更不能侵犯他人的合法权益。虽然遗嘱的具体内容由遗嘱人决定，但是应该明确、具体，避免事后发生纠纷。因此，一份正式、有效的遗嘱，应该包含以下七点内容：

- 遗嘱人及遗嘱受益人的姓名、性别、出生日期和详细住址。
- 遗嘱人与遗产继承人的具体关系。
- 所处理的财产的名称、数量以及地点等，如房产、存款、有价证券、交通工具、家具家电以及金银首饰等物品。
- 对财产的分配和有关事务的处理决定。
- 如果存在遗嘱执行人，则还需要写明执行人的姓名、性别、出生日期和详细住址。

◆ 遗嘱制作日期和遗嘱人本人的签名、印章或手印。

◆ 立遗嘱的目的，即处理财产的意思表示，应首先写明“我立本遗嘱，对我所有的财产，做如下处理……”。

另外，在遗嘱的最后还需要签署剩余财产条款声明。否则，起草的遗嘱文件将不具有法律效力。

## 9.4 遗产的范围与管理

**遗产是公民死亡后遗留的属于个人所有的合法财产，所以在起草遗嘱时，需要明确自己有哪些个人财产，能参与遗产分配的继承人有哪些，遗产的具体处理形式是怎样的。**

### 9.4.1 财产与继承者的范围

在我国，遗产实行财产继承，不实行身份继承。遗产规划的第一步是清点和评估自己的个人资产，主要包括以下内容：

①公民的收入。

②公民的房屋、储蓄和生活用品。

③公民的林木、牲畜和家禽。

④公民的文物、图书资料。

⑤法律允许公民所有的生产资料。

⑥公民的著作权、专利权中的财产权利。

⑦公民的其他合法财产。

其中，财产继承分为两种情况，即法定继承和遗嘱继承两种：

- 法定继承又称为无遗嘱继承，是依照法律的直接规定将遗产转移给继承人的一种遗产继承方式。在法定继承中，继承人的范围、继承人参与继承的顺序、继承人应继承的份额和遗产分配原则，都是由法律直接规定的，而不是由被继承人的意思确定的。
- 遗嘱继承又称为指定继承，是继承人按照被继承人所立的合法有效的遗嘱而承受其遗产的继承方式，继承人各自继承财产的份额由被继承人在其生前的遗嘱中依法确定。

依据相关法律的规定，法定继承是主要的继承方式，而遗嘱继承优先于法定继承，只有在被继承人没有合法遗嘱的情况下，才根据法定继承的规定来继承。

其中，法定继承的继承权男女平等，继承的第一顺序：配偶、子女、父母；继承的第二顺序：兄弟姐妹、祖父母、外祖父母。只有在没有第一顺序继承人或第一顺序继承人全部放弃以及丧失继承权时，第二顺序继承人才能合法继承遗产。

### 9.4.2 遗产的其他处理形式

通常情况下，如果被继承人生前已经对遗产作出了具体安排，则按照其意愿处理遗产，否则就只能通过法定继承的方式来处理。遗产的处理方法除了通过起草遗嘱处理外，还包括遗产信托、遗赠等。

### 1. 遗嘱信托

遗嘱信托是指通过遗嘱这种法律行为而设立的信托，也就是委托人预先以立遗嘱的方式，对财产进行规划，包括交付信托后遗产的管理、分配、运用及给付等，详订于遗嘱中。等遗嘱生效时，再将信托财产转移给受托人，由受托人依据信托的内容，管理并处分信托财产。

通过遗嘱信托，不仅可以使财产顺利地传给继承人，还可以通过遗嘱执行人的理财能力弥补继承人无力理财的缺陷。由于遗嘱信托具有法律约束力，因此可以使遗产的清算和分配更公平，避免产生纠纷。

### 2. 遗赠

遗赠是遗嘱人用遗嘱的方式将个人财产于死后赠给国家、集体或法定继承人以外的人的一种法律行为，是遗嘱人以遗嘱处分其遗产的一种方式。遗嘱人在设立遗赠时，除了要明确、具体地写明遗嘱的内容，还要符合有关的法定条件，否则遗赠不能发生效力。

- ◆ 遗赠人（即遗嘱人）必须具有立遗嘱的能力。
- ◆ 遗赠人已为缺乏劳动能力又无生活来源的继承人保留必要的份额。
- ◆ 受遗赠人是在遗赠人死亡时生存着的人。
- ◆ 受遗赠人并没有丧失受遗赠权，因为受遗赠人有可能由于实施了侵害被继承人或其他继承人的利益的行为，而丧失受遗赠权。
- ◆ 遗嘱的财产属于遗产的范围，这些财产权益在遗赠人死后即转化为遗产。
- ◆ 遗赠人所立遗嘱应符合法定形式。
- ◆ 受遗赠人应当在知晓受遗赠后 2 个月内，作出接受或放弃受遗赠的表示，到期没有表示则视为放弃受遗赠。